Alexander Gedat

Mutig sein. Glücklich werden.
Warum Fleiß, Disziplin und Entschlossenheit
wichtiger sind als Talent

Vom gescheiterten Abiturienten zum Chef eines Millionenunternehmens

„Sie werden nicht glücklicher, indem Sie erfolgreicher werden. Es ist genau umgekehrt: Wer glücklich ist, wird auch erfolgreicher und schöpft sein wahres Potenzial voll aus."

Alexander Gedat ist ein glücklicher Mensch. Und ein erfolgreicher: Ex-CEO des Millionenunternehmens Marc O'Polo, früherer Geschäftsführer und noch heute in verschiedenen Aufsichtsräten, gleichzeitig liebevoller Ehemann und Vater. Eine Bilderbuchkarriere? Nicht ganz: Lange konnte er sich nicht für das Lernen begeistern, ist durch sein Abitur gefallen, fühlte sich orientierungslos und erlebte mehrere Krisen. Wie ist es ihm gelungen, sein Leben von Grund auf umzukrempeln? In seinem Buch stellt er sich die Frage, was überhaupt Glück ist und wie man es erreichen kann. Wie können Sie finden, was Sie wirklich wollen, wo liegen Ihre Stärken und wie erreichen Sie Ihre Ziele?

Erfolg und Glück – dazu braucht es kein Talent und auch keine besonderen Eigenschaften, es reicht schon aus, wenn man Verantwortung für sein Leben übernimmt und gesunden Egoismus entwickelt. Wir sind freie Menschen, die im Grunde alles machen können, was wir wollen. Und wir schaffen es auch, damit aufzuhören, das zu tun, was andere von uns wollen.

Mit fundierten Studien, praktischen Übungen und seiner Erfahrung erklärt Alexander Gedat, wie man mit Fleiß, Mut und Disziplin nicht nur erfolgreich wird, sondern auch glücklich!

Alexander Gedat
EX-CEO von Marc O'Polo

MUTIG SEIN. GLÜCKLICH WERDEN.

Warum **Fleiß, Disziplin** und **Entschlossenheit** wichtiger sind als Talent

Glücks- und Erfolgsratgeber: in 6 Schritten

MAXIMUM

Copyright © 2022 by Maximum Verlags GmbH
Hauptstraße 33
27299 Langwedel
www.maximum-verlag.de

2. Auflage 2022

Lektorat: Dr. Rainer Schöttle
Korrektorat: Angelika Wiedmaier
Satz/Layout: Alin Mattfeldt
Umschlaggestaltung: Alin Mattfeldt
Umschlagfotografie: © Maximum Verlags GmbH
E-Book: Mirjam Hecht

Druck: Booksfactory
Made in Germany
ISBN: 978-3-98679-011-0

In Dankbarkeit für Lena, Anja, Gesi, Fritz und Nico

Unter Mitarbeit von Dr. Stefan Rieß

INHALT

TEIL 1

Kapitel 3

TEIL 2

Kapitel 8

TEIL 1

Das Glücksprogramm: Erkenntnisse und Erfahrungen

KAPITEL 1

Warum ich dieses Buch geschrieben habe

Dieses Buch ist ein Buch über Glück. Und ein Buch über Erfolg. Es ist ein Buch darüber, wie mein Weg zu Glück und Erfolg ausgesehen hat. Und es handelt davon, wie jeder glücklich und erfolgreich werden kann. Und wenn ich „jeder" sage, dann meine ich auch jeder. Denn wir alle haben das Recht, glücklich zu sein, genauso wie wir alle die Fähigkeit besitzen, glücklich zu werden.

Diese Fähigkeit wird uns in die Wiege gelegt, sie ist angeboren, aber sie allein reicht nicht dafür aus, dass wir tatsächlich glücklich werden. Es wird nicht klappen, darauf zu warten, dass sich das Glück einfach von allein einstellt. Wie das berühmte Sprichwort „Jeder ist seines Glückes Schmied" schon sagt, sind wir für unser Glück selbst verantwortlich. Das Glück will geschmiedet werden, das Tun ist entscheidend. Aber um etwas Sinnvolles und Substanzielles tun zu können, braucht es natürlich Wissen, Fertigkeiten und Bildung. Wir müssen also erst einmal lernen, aus dieser Fähigkeit etwas zu machen. Das geht nicht ohne Anstrengung und Bemühung. Dazu gehören Einsatz und Engagement, Energie und Durchhaltevermögen, aber auch Spaß an der eigenen Leistung, Optimismus und Mut.

Das Glück im Leben kommt nicht automatisch, es bedarf einer ganzen Reihe von Schritten, die ich in diesem Buch vorstellen werde. Wir werden dabei auf vieles zu sprechen kommen – auf Neugier genauso wie auf Führungsprinzipien, auf die große Bedeutung körperlicher Fitness und einer guten Ernährung bis hin zum richtigen Umgang mit Freunden und Bekannten. Um glücklich zu sein, braucht es einer fein abgestimmten Mischung von Zutaten. Und selbst, wenn alles stimmt, wird das vielleicht bei dem einen oder anderen nicht ausreichen, um das Glück zu finden.

Warum ich das sage? Weil ich ganz genau weiß, wie es sich anfühlt, unglücklich zu sein. Oder zumindest, nicht glücklich zu sein. Denn einen großen Teil meines Lebens war auch ich kein glücklicher Mensch. Belastet mit Selbstzweifeln, eher von pessimistischer Stimmung, nicht von mir überzeugt. Warum das so war, ist mir erst langsam im Laufe meines Lebens klar geworden.

Eines möchte ich aber gleich vorweg sagen: Auch wenn ich es damals glaubte – es war nicht die Schuld anderer Menschen. Wenn es uns nicht gut geht, neigen wir häufig dazu, andere dafür verantwortlich zu machen: Irgendeiner muss ja die Verantwortung dafür tragen, dass nichts so funktioniert, wie wir uns das vorstellen. Ich machte da keine Ausnahme. Heute weiß ich es besser: Dass es mir nicht gut ging, war nicht die Schuld meiner Eltern, auch wenn sie mich vielleicht zu beschützt und behütet aufwachsen ließen. Es war auch nicht die Schuld meiner Lehrer, dass ich beim ersten Mal durch das Abitur rasselte. Sie machten nur ihren Job, in dem sie versuchten, mir Wissen zu vermitteln und beizubringen, was man tun oder lassen sollte. Und es war auch nicht die Schuld von Vorgesetzten und Chefs, dass mein Selbstbewusstsein schwach war und ich berufliche Misserfolge erleben musste.

Über viele Jahre fühlte ich mich einfach nur als Opfer, missverstanden und enttäuscht. Ich fühlte mich fremdbestimmt, weil ich Dinge tat, die andere von mir erwarteten, und nicht das, was ich wirklich tun wollte. Was ich lange nicht verstand: Im Grunde war das alles meine Schuld. Wer hinderte mich denn daran, zu tun, was ich wollte? Wer ließ mich denn auf andere Menschen hören? Heute ist die Antwort leicht gegeben: *Ich.* Ich war der einzig Verantwortliche für das, was mit mir geschah und wie es mir ging. Aber es sollte Jahre dauern, bis ich das endlich verstand und etwas dagegen unternahm. Bis ich schließlich begriff, dass ich selbst einfach nicht genug dafür getan hatte, dass es mir besser ging. Auch davon handelt dieses Buch.

Bevor wir unseren eigentlichen Weg zum Glück in sechs Schritten starten, werde ich mich in Kapitel 2 erst einmal ausgiebig mit der Frage beschäftigen, was Glück eigentlich ist. Oder zumindest davon erzählen, was man bislang darüber herausgefunden hat. Denn die Frage nach dem Glück und den Bedingungen des Glücks ist nicht nur eine alte Frage, sie ist auch in vieler Hinsicht immer noch eine unbeantwortete Frage. Seit der Antike beschäftigt sie die großen Denker, und fast jeder Philosoph hat seine eigene Theorie darüber entwickelt, was Menschen wirklich glücklich macht. Noch heute machen sich Biologen, Psychologen und Genetiker, Sozialforscher und Ökonomen darüber Gedanken, warum manche Menschen, die alles zu haben scheinen, unglücklich sind, während andere trotz Armut oder Schicksalsschlägen ein glückliches Leben führen. Und wie es in der Wissenschaft eben oft so ist, gehen die Meinungen weit auseinander, und fragt man fünf Experten, bekommt man oft sechs fundamental unterschiedliche Theorien serviert. An dieser großen geistes- und naturwissenschaftlichen Diskussion will sich dieses Buch nicht beteiligen. Mir geht es hier nur darum, aus meinen Erfahrungen einige für den Leser vielleicht nützliche Erkenntnisse zu destillieren. Und ich gebe auch gleich bescheiden zu, dass der Weg, der für mich der richtige war, dies nicht für alle anderen sein muss. Und das ist auch gut so. Denn jeder sollte für sich selbst herausfinden, was der für ihn richtige Weg ist. Deshalb halten wir an dieser Stelle erst einmal fest – die exakte Antwort auf die große Frage der Menschheit steht immer noch aus: Was braucht ein Mensch eigentlich, um glücklich zu sein?

Seit das Streben nach Glück im 18. Jahrhundert als unveräußerliches Recht in die amerikanische Verfassung aufgenommen wurde, sucht der moderne Mensch nach Glücksmomenten. Diese Suche lässt uns durch die Welt reisen, auf die Gipfel der Welt steigen, mit Delfinen schwimmen, ins Kloster flüchten oder Drogen nehmen, sie treibt Städter aufs Land und Landbewohner in die Stadt, sie bringt uns dazu, zu meditieren, Yoga zu machen oder Extremsport zu betreiben. Sie hat eine ganze Ratgeber-Industrie hervorgebracht, die verspricht, bei der Suche behilflich zu sein und die besten Tipps parat zu haben. Kein Wunder, dass für manche Menschen die Glückssuche zu einer Dauerbeschäftigung geworden ist. Interessant dabei ist, dass, obwohl sich die äußeren Lebensumstände in den vergangenen Jahrhunderten dramatisch verbessert haben, Lebenserwartung und Lebensqualität kontinuierlich gestiegen sind, die Versorgung mit Nahrung und Konsumgütern immer besser wurde, unser Leben ungeahnten Komfort und Bequemlichkeit kennt und sich das Angebot an Glück versprechenden Techniken und Möglichkeiten vervielfacht hat, sich das Glück bei vielen trotzdem nicht dauerhaft einstellt.

Der seit 2012 jährlich erscheinende World Happiness Report will zeigen, was Menschen weltweit glücklich macht. Demnach hängt unsere Zufriedenheit als erwachsener Mensch im Wesentlichen von drei Aspekten ab: unserer ökonomischen und gesellschaftlichen Stellung, die vor allem dadurch gekennzeichnet ist, welche Bildung wir genossen haben, welche Arbeit wir ausüben und welches Einkommen wir damit erzielen. Als weitere Faktoren sind unsere Beziehungen zu anderen Menschen, die Stabilität unserer Partnerschaft und die Sicherheit in unserem Lebensumfeld sowie unsere persönliche Gesundheit, physisch und psychisch, von entscheidender Bedeutung.

Doch was bedeutet das konkret? Macht uns einfach die Möglichkeit, mehr Geld zu verdienen, glücklich? Oder ist es doch langfristig besser, ein Studium abzuschließen? Ist es die Anerkennung im Beruf oder eher eine gute Beziehung zum Chef? Machen eine Ehe oder eine stabile Partnerschaft glücklich? Oder sind wir zufriedener, wenn wir unabhängig bleiben und den Partner öfter wechseln? Macht mich ein Kind glücklich? Steigt das Glück vielleicht sogar mit einem zweiten Kind oder fällt der Glückspegel dann vielleicht wieder? Kann ich glücklich sein, wenn ich krank bin? Muss ich an Gott glauben, um ein glücklicher Mensch zu sein? Fragen über Fragen.

Um herauszufinden, welchen Einfluss die einzelnen Faktoren haben, scannen Wissenschaftler Gehirne, werden Verhaltensstudien gemacht und Gene erforscht. Seit ein paar Jahren gibt es in der Psychologie sogar eine eigene Disziplin, die Glücksforschung. Untersuchungen dieser Art haben viele Antworten hervorgebracht, aber auch immer wieder neue Fragen aufgeworfen und viele Widersprüche entstehen lassen. So glauben manche Wissenschaftler, dass vor allem die Gene entscheiden, ob, wann und wie intensiv ein Mensch Glück empfindet. Andere sind dagegen davon überzeugt, dass in erster Linie entscheidend ist, was jemand vom Leben erwartet. Und wieder andere halten die Lebensumstände und den Zufall für besonders wichtig. Es sieht so aus, also ob sich das Glück dem menschlichen Verstand entziehen möchte.

Immerhin gibt es in der ganzen Unübersichtlichkeit zumindest eine gute Nachricht: Wir Menschen sind unserem Schicksal nicht hilflos ausgeliefert. Darüber herrscht trotz vieler Differenzen weitgehend Einigkeit. Und das ist auch genau der Punkt, an dem ich ansetzen werde. Die Wissenschaft weiß heute sicher, dass wir unser Glück selbst beeinflussen können und dass wir alle unseren eigenen individuellen Weg zum Glück finden können.

In Kapitel 3 werden wir uns diesen individuellen Weg genauer ansehen. Vor allem den Startpunkt. Die freiwillige und vollständige Übernahme der Verantwortung für unser Leben. Allein dadurch, dass wir aufhören, uns zu rechtfertigen oder anderen Schuld zuzuweisen, und begreifen, dass wir allein für alles verantwortlich sind, was in unserem Leben geschieht (oder eben nicht geschieht), haben wir den entscheidenden Schritt zu mehr Glück und Erfolg schon getan. Einen entscheidenden, aber natürlich nicht den einzigen: Durch Selbstreflexion und Selbsterkenntnis können wir ein realistisches Bild der Welt und von uns als Person entwickeln.

Dadurch sind wir in der Lage zu erkennen, dass Ereignisse in unserem Leben nicht einfach „gut" oder „schlecht" sind – in Krisen sind oft die größten Chancen zu finden, wie in jedem Glücksfall auch eine Gefahr liegen kann. Erst unsere Bewertung macht ein Ereignis zu einer Erfahrung. Und: Glück und Unglück gehören untrennbar zusammen. Scheitern bringt uns voran und nie lernen wir mehr, als wenn wir Misserfolge erleben. Psychologen haben die Lebenszufriedenheit von Menschen untersucht, die wenige Monate zuvor im Lotto gewonnen oder nach einem Unfall ein Bein verloren hatten. Das interessante Ergebnis: Die Versuchspersonen waren kaum glücklicher oder unglücklicher als Menschen, die nicht solch extreme Erlebnisse machten. Das Hochgefühl eines Geldgewinns hielt demnach höchstens ein halbes Jahr an. Auf der anderen Seite trübten Schock, Schmerz, Wut und Trauer das Gemüt auch nicht allzu lange. Was nach Binsenweisheiten aus Großmutters Zeiten klingt, ist durch zahlreiche Studien gut belegt. Der Weg zum Glück führt nicht um das Leid herum, sondern durch das Leid hindurch. Wir können lernen, mit Krisen, Scheitern und Niederlagen richtig umzugehen. Sie sind ein wichtiger Bestandteil der Realität, die wir annehmen und nicht ignorieren sollten. Und wir können lernen, wieder mehr auf unseren Bauch und unsere Intuition zu hören.

Diese Orientierung an der eigenen Intuition und das Achten auf die eigenen Bedürfnisse nenne ich gesunden Egoismus. Warum dieser so wichtig ist, werde ich im Kapitel 4 näher erläutern. Es ist aber nicht nur von großer Bedeutung, mit sich selbst gut umzugehen, sondern genauso wichtig ist es, das auch mit den anderen Menschen in unserem Leben zu tun.

Zwischen eigenen Interessen und Bedürfnissen und denen anderer Menschen besteht oft ein Spannungsverhältnis. Hier liegt oft der Grund für viele Konflikte, aber für uns als soziale Wesen sind unsere Beziehungen zu anderen Menschen auch die Quelle starker Glücksempfindungen. Das gilt sowohl für private Beziehungen als auch für das Arbeitsleben. Auch hier gilt: Wir sind den anderen nicht ausgeliefert. Wir müssen toxische Beziehungen, Lügen, Betrug und Demütigungen nicht passiv ertragen – wir können unsere Beziehungen zu anderen Menschen gestalten, aber erst, wenn wir gelernt haben, bewusst mit unseren Gefühlen umzugehen. Dann fällt es uns leicht, ehrliches Interesse an Menschen und Empathie zu entwickeln, großzügig zu sein und anderen Menschen eine Freude zu bereiten. Tun wir das, kommt alles, was wir an Zeit und Energie investieren, im Übermaß zu uns zurück. Für mich sind Familie und Freunde die wichtigsten Faktoren des Glücks, die mir Geborgenheit und Vertrauen schenken, aber auch immer wieder neue Anstöße geben.

Neue Anstöße geben und erhalten, Veränderungen bewältigen und sich immer weiterentwickeln – kaum etwas ist wichtiger für ein erfülltes Leben. Und wenig demotiviert und frustriert uns mehr, als wenn wir stehen bleiben und feststecken: In Kapitel 5 werde ich zeigen, dass wir nicht Opfer der Umstände und Sklaven unserer Gewohnheiten sind. Wir haben immer die Chance, unser Leben von Grund auf umzukrempeln. Dazu brauchen wir neben einem klaren Blick auf die gegenwärtige Situation vor allem eins: Mut. Denn Mut ist es, der uns die Möglichkeit gibt, Dinge anzupacken und zu verändern. Viel zu oft glauben wir, dass es nicht möglich ist, das, was uns unglücklich macht, zu bewältigen. Wir reden uns ein, dass wir es nicht wert sind, mehr Geld zu verdienen, als wir zurzeit bekommen, dass wir keinen anderen Job finden können, auch wenn uns der gegenwärtige langweilt, dass wir keinen neuen Partner finden werden, obwohl uns der jetzige betrügt. Wir richten uns in einer Situation des Unglücks ein, akzeptieren die Grenzen, die andere für uns stecken oder die wir uns selbst gesteckt haben. Wir jammern und beklagen uns über die Ungerechtigkeit der Welt, anstatt einfach etwas zu tun. Denn diese Grenzen lassen sich, wenn man sie erst einmal klar erkannt und benannt hat, auch überwinden.

Oft reicht es schon, einige kleine Dinge zu verändern, um sich besser zu fühlen. Probieren Sie es einfach mal aus! Oft hilft Sport, um sich besser zu fühlen, manchmal reichen schon ein paar Minuten am Tag. Vielleicht ist es aber auch einfach gesunde Ernährung statt Fast Food, die das Leben verbessert. Oder ein Umzug, um den Weg zum Arbeitsplatz kürzer zu machen. Oder den Job wechseln. Öfter mal rausgehen an die frische Luft. Immer wieder mal lächeln. Mehr Zeit mit der Familie und mit Freunden verbringen. Wir haben unglaublich viele Stellschrauben in unserem Leben, die wir neu justieren können. Wir müssen nur damit anfangen. Dabei sollten wir nur nicht zu viel auf andere hören oder uns mit anderen vergleichen. Unsere Gefühle und unsere Intuition bleiben auch hier die besten Ratgeber, um die richtigen Entscheidungen zu treffen. Sie weisen uns den Weg.

Und diese neuen Anstöße sind es auch, wie wir in Kapitel 6 zeigen, die unser Leben immer wieder bereichern. Wenn wir dauerhaft erfolgreich, zufrieden oder glücklich werden wollen, müssen wir unseren Geist stetig fordern. Wir dürfen einfach nicht stehen bleiben. Das Gute ist, dass unser Gehirn auch so konzipiert ist, dass wir uns über unsere ganze Lebensspanne hin weiterentwickeln können. Lebenslanges Lernen und die Bereitschaft zur Veränderung sind nicht nur ein wirkungsvolles Erfolgsrezept, um Langeweile, Stagnation und Unzufriedenheit zu bekämpfen: Neugier hält uns jung. Wissen, egal ob aus Büchern oder vermittelt durch Coaches, Berater oder Trainer, bereichert unser Leben und erhöht so unser Glücks- und Zufriedenheitsempfinden. Geistige Flexibilität und Lernbereitschaft bis ins hohe Alter sind also genauso Glücksgarantien wie ein gesunder und fitter Körper, mit dem wir uns dann in Kapitel 7 beschäftigen werden.

Denn die Befriedigung unserer körperlichen Bedürfnisse trägt ganz entscheidend zu unserem Wohlbefinden und unserem Glück bei. Was unseren Vorfahren beim Überleben half, macht uns heute noch glücklich. Dieser Auffassung ist zumindest der britische Ökonom Richard Layard. Leckeres Essen sei dafür ein Beispiel: Saftiges Mammut ließ den Urmenschen überleben und Fleisch in Form eines Steaks macht die meisten Menschen deshalb heute noch froh. (Seiner Meinung nach gilt das gleiche Prinzip übrigens auch für Sex und Freunde. Alle drei Dinge waren wichtig, um sich fortzupflanzen und seine Gene weiterzugeben. Durst, Hunger und Einsamkeit ließen die Chancen sinken und machen uns daher heute noch unglücklich.) Doch in einer Zeit, in der die Versorgungslage so viel besser ist als in der Steinzeit, stellen übermäßige Ernährung und Mangel an Bewegung eher eine Quelle des Unglücks denn des Glücks dar. Wir ernähren uns oft zu ungesund und bewegen uns zu wenig, wir nehmen zu und am Ende warten chronische Krankheiten. Das alte Wort vom „gesunden Geist im gesunden Körper" gilt heute mehr denn je. Die Entscheidung, mich ausschließlich vegetarisch zu ernähren und weitgehend auf Zucker zu verzichten, war in meinem Leben ein elementarer Schritt zu mehr Zufriedenheit. Die richtige Balance zwischen Genuss und Maßhalten zu finden, ist für mich wie für jeden von uns eine entscheidende Bedingung, um glücklich zu sein – genauso wie die richtige Mischung aus Anspannung und Entspannung, aus Bewegung und Ruhe. Wer regelmäßig Sport treibt und sich gut ernährt, schafft eine perfekte Grundlage für ein gutes Leben.

Doch der Mensch lebt nicht vom Brot allein. Sind die Grundbedürfnisse erst einmal gedeckt, klettern wir in unserer Bedürfnispyramide weiter nach oben. In Kapitel 8 habe ich aus der großen Zahl möglicher Freizeitbeschäftigungen die für mich drei wichtigsten ausgesucht, die mir seit Jahren Freude bereiten und von denen ich sicher bin, dass sie in jedem Leben eine Rolle spielen sollten. Kaum etwas hat mich in meinem Leben so begeistert wie Kunst – immer wenn sich die Gelegenheit bot, habe ich Museen und Ausstellungen besucht, seit einigen Jahren sammle ich selbst Kunst. Und genau so viel bedeutet mir Musik, der Besuch von Konzerten und Opern oder das Musikhören zu Hause. Aber auch die Auseinandersetzung mit fremden Kulturen und anderen Ländern hat mir viel gegeben. Dass Reisen bildet und zum persönlichen Glück beiträgt, ist für mich nicht zu bezweifeln. Und diese Leidenschaften sind auch der wichtigste Grund, warum mit dem Ende des aktiven Berufslebens noch längst nicht alles zu Ende ist. Auch in höherem Alter besitzen wir alle Möglichkeiten und vor allem noch mehr als davor die Freiheit, ein neues Kapitel aufzuschlagen. Gerade mit der gesammelten Erfahrung und dem

Wissen, das wir über die Jahre angehäuft haben, können wir anderen Menschen und der Gesellschaft im Ganzen nützen. Und auch hier gilt wieder wie am Anfang: Man muss nur Mut haben und den ersten Schritt machen.

KAPITEL 2

Glück – was ist das eigentlich und wo finden wir es?

"

*Jeder hat sein eigen Glück unter den Händen, wie
der Künstler die rohe Materie, die er zu einer Gestalt
umbilden will. Aber es ist mit dieser Kunst wie mit
allen; nur die Fähigkeit dazu wird uns angeboren,
sie will gelernt und sorgfältig ausgeübt sein.
(Johann Wolfgang von Goethe, deutscher Dichter,
1749–1832)*

Auf der Suche nach dem Glück

Glaubt man den vielen Umfragen, sind die Menschen heute
kein bisschen glücklicher als vor 50 Jahren. Und das ganz
gleich, ob sie in der Schweiz oder in Norwegen, in Indien
oder Brasilien, im Kongo oder in Burkina Faso leben. Für
mich ist das ein erstaunlicher Befund, denn die Menschheit
ist in diesem Zeitraum überall auf der Welt und quer durch
alle Gesellschaftsschichten im Durchschnitt reicher und
gesünder geworden. Wir haben heute mehr Wohnraum zur
Verfügung, können uns mehr Komfort leisten, uns besser
ernähren und gesünder leben, als jede Generation vor uns
es sich erträumen konnte, wir sind relativ frei in unseren
Entscheidungen und leben in vielen Teilen der Welt in

weitgehender Sicherheit vor Kriegen. Das gilt nicht überall, aber für einen immer größer werdenden Teil der Weltbevölkerung. Der schwedische Forscher Hans Rosling hat in seinem Buch „Factfulness" diese positive Entwicklung auf unserer Erde eindrucksvoll beschrieben. Wir sollten also eigentlich die glücklichste Gesellschaft sein, die je auf Erden gelebt hat, aber wenn ich mich in meiner Umgebung umsehe oder Zeitung lese, bekomme ich oft den Eindruck, dass viele Menschen eben nicht glücklich sind. Warum ist das so?

Eine schnelle und allgemein gültige Antwort auf diese Frage habe ich nicht. Die Wissenschaft übrigens auch nicht. Doch bevor sich die Frage beantworten lässt, warum die Menschen nicht glücklicher geworden sind, stellt sich erst einmal eine andere Frage: Was ist Glück? Dieser Frage kann man sich von vielen Seiten nähern. Die Untersuchungen dazu füllen diverse Regalmeter in Bibliotheken und unzählige Websites im Internet. Denn schon seit der Antike beschäftigt sich die Philosophie mit der Definition des Glücks und der Suche nach dem, was schließlich und endlich glücklich macht. Die Wissenschaft der Gegenwart hat die Glücksforschung sogar zu einer eigenständigen Disziplin gemacht. Und Psychologen, Verhaltensforscher, Genetiker, Ökonomen und Soziologen stellten eine Reihe spannender Hypothesen auf und führten eine Vielzahl von Versuchen durch, um ein wenig Licht ins Dunkel zu bringen. Fangen wir also an.

Platon, Aristoteles & Co. – Die Philosophen und das Glück

Eigentlich glaubt ja jeder sofort zu wissen, was gemeint ist, wenn das Wort „Glück" fällt. Aber vielleicht ist es doch nicht ganz so einfach? Denn im Deutschen bezeichnet das Wort „Glück" ganz unterschiedliche Phänomene, was leicht deutlich wird, wenn man es zum Beispiel mit dem entsprechenden Begriff einer anderen Sprache wie des Englischen oder Französischen vergleicht.

So kann man „Glück" im Spiel haben. Das ist im Englischen dann „luck" (auf Französisch „chance") und beschreibt den positiven Ausgang einer Unternehmung, die vom Zufall abhängt. Dann gibt es das Vergnügen, Momente des Glücks zu erleben, was im Englischen mit „pleasure" umschrieben wird. Und es gibt das dauerhafte Glück, das die Engländer mit „happiness" (im Französischen „bonheur") bezeichnen, einen anhaltenden Zustand der Glückseligkeit, an den wir wohl in der Regel als Erstes denken, wenn wir das Wort Glück hören. Und darüber hinaus gibt es eine Reihe von Begriffen, die synonym mit Glück verwendet werden. Statt Glück wird dann oft auch von Wohlergehen, Wohlbefinden, Wohlfahrt, Nutzen oder Zufriedenheit gesprochen.

Wir wissen also nicht automatisch immer von vornherein, von welcher Art Glück eigentlich die Rede ist. Und wahrscheinlich empfinden Menschen auch nicht genau das Gleiche, wenn sie von sich behaupten, dass sie glücklich oder unglücklich sind. Vielleicht lässt es sich am besten als einen Mix aus mehreren angenehmen Gefühlen beschreiben, nach dem wir streben. Oder wir definieren es negativ: Für den deutschen Philosophen Arthur Schopenhauer war Glück einfach die Abwesenheit von Unglück. Andere beschreiben Glück als den Quotienten aus Realität und positiven Erwartungen. Soll heißen: Wir sind dann besonders glücklich, wenn ein Ergebnis in der Realität deutlich besser ausfällt, als wir erwartet hatten. Dementsprechend sind wir unglücklich, wenn unsere Erwartungen nicht oder nur unzureichend erfüllt werden.

Seit Jahrhunderten bemühen sich die Menschen, den Geheimnissen des Glücks auf die Spur zu kommen. Begonnen hat das – wie könnte es anders sein? – in Griechenland, als die großen Philosophen der Antike wie Sokrates, Aristoteles, Epikur oder die Stoiker in ihren Texten und Lehren den noch heute ungelösten Fragen nachgingen: Was ist Glück? Was zeichnet einen glücklichen Menschen aus? Wie lebe ich ein glückliches Leben? Die grundlegenden Möglichkeiten, die die Denker der Vergangenheit vorgeschlagen haben, sind im Wesentlichen die Gleichen, die wir auch heute kennen. Da ist über die Jahrhunderte wenig Neues dazugekommen. Das Spektrum der philosophischen Wege zum Glück reicht von Lust und Schmerzvermeidung über Streben nach dem Guten und Weisheit bis hin zum Gebrauch der Vernunft und Selbstverwirklichung. Was die verschiedenen Schulen eint: Im Zentrum aller Überlegungen stand immer der glückselige Zustand der sogenannten „Eudaimonie", ein ausgeglichener Gemütszustand als Ergebnis einer gelungenen Lebensführung nach ethischen Grundsätzen. Auch für mich ist diese Balance ein zentraler Punkt im Streben nach Zufriedenheit. Glück kann nur gelingen, wenn die unterschiedlichen Bedürfnisse und Interessen, die Anforderungen von Beruf,

Familie, Freunden, der Gesellschaft und unserer eigenen Person, unseres Geistes und Körpers, im Einklang erfüllt werden können. Das ist ohne Zweifel eine anspruchsvolle Aufgabe. Aber der Reihe nach.

Glück: Lustmaximierung und Schmerzvermeidung?

Einer der ersten Philosophen, die eine komplette Glücksphilosophie entworfen haben, war Aristippos, der von 435 v. Chr. bis ca. 355 v. Chr. in Kyrene lebte. In seiner Philosophie unterscheidet er zwei grundsätzlich unterschiedlich geartete Zustände der menschlichen Seele: Die Lust ist dabei die sanfte und der Schmerz die raue, ungestüme Bewegung der Seele. Aristippos könnte als Begründer des Hedonismus bezeichnet werden, denn das Gute und somit das Ziel des menschlichen Lebens ist für ihn nichts anderes, als lustvolle Erfahrungen zu machen. Schmerzvolle Empfindungen sind dagegen schlecht und zu vermeiden. Glücklich ist der, der es schafft, die Lust zu maximieren und dem Schmerz zu entgehen. Für Aristippos lag im bewussten Genießen der eigentliche Sinn des Lebens. Deswegen kann seiner Meinung nach Ziel des Lebens nie Entsagung oder der Verzicht auf Leidenschaften sein. Bewusst genießen bedeutete aber für ihn auch, sich nicht maßlos von seinen Wünschen und Lüsten treiben zu lassen. Von entscheidender Bedeutung ist es, die eigenen Begierden zu beherrschen und ihnen nicht zu unterliegen.

Platon und die Glückseligkeit eines gelingenden Lebens

Platon (428 v. Chr. bis 348 v. Chr.) stellte die schon oben

angesprochene „Eudaimonie" in das Zentrum seiner Überlegungen. In der deutschen Übersetzung wird Eudaimonie zwar meist mit „Glück" oder „Glückseligkeit" übersetzt, aber eigentlich beschreibt das Wort den allein glücklich machenden ausgeglichenen Gemütszustand einer gelungenen Lebensführung,

Gute Menschen zeichnen sich für Platon durch Besonnenheit, Selbstdisziplin, Beherrschtheit, Tapferkeit und Gerechtigkeit aus. Diese Eigenschaften garantieren ihnen ein gelungenes Leben. Dagegen sind schlechte Menschen zügellos, maßlos und unbesonnen. Für Platon war klar: Wer die chaotischen Begierden seiner Seele nicht beherrschen kann, landet zwangsläufig im Unglück – selbst dann, wenn er äußerlich erfolgreich ist und niemand ihn zur Rechenschaft zieht.

Selbstbeherrschung und Disziplin sind also ganz entscheidende Faktoren, um glücklich zu werden. Doch damit nicht genug: Als wichtigstes Gut im Leben sieht Platon den Erfolg an. Dieser ist für ihn weitaus wichtiger als Schönheit oder Reichtum. Erfolg kann aber nur der erreichen, der über das erforderliche Wissen verfügt. Die Bedingung für Glück liegt also im Wissen – nur wer Einsicht besitzt, handelt richtig und erfolgreich. Daher ist es die Aufgabe jedes Menschen, in erster Linie Selbsterkenntnis und Weisheit zu suchen.

Aristoteles: Das Glück liegt in der Selbstverwirklichung

Für Platons Schüler Aristoteles, der von 384 v. Chr. bis 322 v. Chr. lebte, liegt der Weg zum Glück in der Selbstverwirklichung. Seiner Meinung nach trägt jedes Lebewesen, ob Tier oder Mensch, von Geburt an ein ganz individuelles

Ziel und einen Zweck in sich. Und alles, was lebt, versucht auf seinem Lebensweg diese angeborene Bestimmung zu verwirklichen. Für Aristoteles ist Glück dabei das höchste Gut, das Maximum, was wir im Leben erreichen können. Im Gegensatz zu anderen Dingen, die lediglich Mittel zum Zweck sind, bemühen wir uns um Glückseligkeit um ihrer selbst willen. Deswegen ist sie für Aristoteles „das Endziel des Handelns." Um selig vor Glück zu werden, sind für Aristoteles aber nicht nur Vernunft und Tugenden, sondern auch äußere, körperliche und seelische Güter nötig.

Zu den äußeren Gütern zählen etwa Reichtum, Freundschaft, Herkunft, Nachkommen, Ehre und etwas „Glück" im Sinne eines günstigen persönlichen Schicksals. Körperliche Güter sind Gesundheit, Schönheit, physische Stärke und Sportlichkeit. Interessant ist hier, dass diese Eigenschaften nach seiner Meinung zum Teil vom Zufall abhängen, wir sie aber immer mit unserem eigenen Handeln beeinflussen können. Auch wenn wir eine eher schwächliche Konstitution haben, können wir sie durch richtige Ernährung und Sport zu Höchstleistungen trainieren, genauso wie der perfekte Körper nichts hilft, wenn man ihn jahrelang mit einer zu üppigen Ernährung mästet und es an jeglicher sportlichen Betätigung fehlen lässt.

Aus der vernunftgemäßen Betätigung der Seele ergeben sich die seelischen Güter; die ethischen Tugenden (wie Tapferkeit oder Besonnenheit) beziehen sich auf den richtigen Umgang mit den Leidenschaften, auf die Steuerung des irrationalen, triebhaften Teils der Seele. Hier muss jeder die richtige Mitte zwischen zu viel und zu wenig finden. Aristoteles erläutert das am Beispiel der Tapferkeit: Die Tapferkeit bewegt sich zwischen den Extremen der Feigheit und der Tollkühnheit – beide sind für ihn nicht wünschenswert. Nur der Mittelweg zwischen den Extremen garantiert das Gelingen.

Lebensfreude durch Kunst, Musik und gute Gespräche

Der bekannteste und am häufigsten missverstandene Glücksphilosoph ist Epikur, der von 341 v. Chr. bis 270 v. Chr. lebte. Für ihn stehen Lust und Lebensfreude über allen Dingen. Mit Lust meint Epikur aber nicht einfach sinnliche Vergnügungen wie Essen und Sex, was ihm oft unterstellt wurde, sondern vor allem Gespräche, Musik, das Betrachten von Kunstwerken und auch das Philosophieren. Menschliches Leben besteht für ihn in der Suche nach Lust und der Vermeidung von Unlust. Wir können ein ruhiges Gleichmaß der Seele erreichen, aber nur dann, wenn wir die Leidenschaften zum Schweigen bringen. Furcht, Schmerz und Begierden sind für Epikur die drei großen Klippen, die umschifft werden müssen, damit dauerhaft Lebenslust und Seelenruhe herrschen können.

Einen hohen Stellenwert hat für Epikur die Freundschaft: „Von allem, was die Weisheit für die Glückseligkeit des ganzen Lebens bereitstellt, ist der Gewinn der Freundschaft das bei Weitem Wichtigste." Seine Maxime ist „Lebe im Verborgenen!". Ein glückliches Leben ist nur dann möglich, wenn man sich aus der Öffentlichkeit ins Private zurückzieht und den intimen Austausch mit seinen Freunden genießt.

Für Epikur ist klar, dass wir selbst Herren unseres Glückes sind und dass wir bei unserer Suche regelmäßig dummen Denkfehlern aufsitzen: „Keinem der Toren genügt das, was er besitzt; er jammert viel mehr um das, was er nicht hat." Dieser Gewöhnungseffekt, den moderne Psychologen nachweisen konnten und den wir uns gleich genauer anschauen werden, wurde also schon vor 2000 Jahren sehr genau beschrieben und hat im Anschluss eine ganze philosophische Schule inspiriert – die Stoa.

Der stoische Weg: Glücklich ist, wer wenig oder keine Bedürfnisse hat.

Ausgangspunkt für die Überlegungen der Stoiker war, dass Menschen auch inmitten des größten materiellen Luxus todunglücklich sein können. Ein Grund ist, dass sie das, was sie haben, für selbstverständlich halten und es nicht mehr schätzen. Kaum haben sie etwas erreicht oder bekommen, streben sie schon nach dem nächsten. Und dann ist da noch das unkalkulierbare Risiko, dass wir alles, was wir haben, auch ganz schnell wieder verlieren können. Diese Angst vor Verlust macht uns nach Meinung der Stoiker zusätzlich unglücklich.

Viele griechische und römische Denker werden zu den Stoikern gerechnet, wie zum Beispiel Seneca, der Politiker, Dichter und Lehrer Neros, oder Marc Aurel, der auch als der Philosoph auf dem Kaiserthron bezeichnet wird. Nach ihrer Meinung kann man nur glücklich werden, wenn man sich von äußeren Glücksgütern, aber auch von anderen „Werten", wie beispielsweise von der Familie, von Freunden, von der Gesundheit, ja sogar vom eigenen Leben möglichst unabhängig macht. Nur wer keine Angst hat, etwas zu verlieren, weil er vollkommen bedürfnislos ist, kann dementsprechend glücklich sein. Keine Frage, eine radikale Sichtweise, die sich nicht jeder zu eigen machen wird.

Fünf Philosophen aus unterschiedlichen Epochen mit

ganz unterschiedlichen Sichtweisen. Aber sie besitzen einen gemeinsamen Nenner – Glück fällt uns nicht zu oder wird uns in die Wiege gelegt. Wir machen unser Glück. Wir können unser Leben stärker beeinflussen, als wir glauben. Und welche Bedeutung haben die einzelnen Faktoren dabei? So viel schon einmal vorweg: Um glücklich und zufrieden zu werden, sind viele der angesprochenen Punkte von Wichtigkeit: Bewusstes Genießen und Mäßigung, Disziplin und Selbstbeherrschung, Selbsterkenntnis und Selbstverwirklichung, Wissen und Einsicht, Mut und Freiheit, Freunde, Gespräche, Musik und Kunst – all das ist für unser Leben wichtig, für den einen mehr, den anderen weniger, und natürlich verdient nicht jeder dieser Punkte in jeder Phase unseres Lebens die gleiche Aufmerksamkeit.

Doch was heißt das am Ende? Gibt es den einen Königsweg zum Glück? Oder existieren so viele Wege zum Glück, wie Menschen auf dieser Erde leben? Ich glaube, es stimmt beides – jeder muss seinen individuellen Weg gehen, um glücklich zu werden, aber es gibt eine Reihe von Prinzipien, Handlungsempfehlungen, Bedingungen und Einflüssen, die uns alle betreffen. Und alle Punkte, die die großen Philosophen angesprochen haben, werden an der einen oder anderen Stelle in diesem Buch wieder auftauchen.

Doch nicht nur die großen Denker haben sich mit diesem Thema ausgiebig beschäftigt. Auf was wir auf unserem Weg achten sollten und was sich wie auf unser Glück und unsere Zufriedenheit auswirkt, interessiert natürlich auch die Wissenschaft, die zu diesem Thema ganz erstaunliche Erkenntnisse beigetragen hat.

Von den Stoikern zur Wissenschaft – wie Gewöhnung das Glück zerstört

Wenn ich mich in der Welt umsehe, könnte ich leicht zu dem Schluss kommen: Die Stoiker hatten recht. Die meisten Menschen können nicht anhaltend glücklich und zufrieden sein. Das liegt zum Teil einfach daran, dass wir Gewohnheitstiere sind – wir gewöhnen uns unglaublich schnell an Dinge und Erfahrungen, vor allem dann, wenn sie uns Freude und Lust bereiten oder zu anderen angenehmen Gefühlen führen. Dieser Gewohnheitseffekt hat unerwünschte Konsequenzen: Alles, über das wir uns gestern noch gefreut haben und was uns glücklich gemacht hat, ist heute schon eine Selbstverständlichkeit geworden und morgen werden wir vielleicht schon davon restlos gelangweilt sein. Nichts schwindet rascher als das Gefühl des Neuen, und wir pendeln uns wieder ganz schnell auf dem Glücksniveau davor ein. Etwas Neues, Besseres, Größeres muss her. Ganz egal, wie hoch der Level schon ist – wir sind ständig auf der Suche nach dem Neuigkeitswert, als wäre er ein Wert an sich. Es tut mir leid, es zu sagen, aber weder der neue Porsche noch das Luxusapartment in München oder das Ferienhaus am Chiemsee, nicht der rasante Aufstieg im Unternehmen oder der Erfolg im Tennismatch kann auf Dauer glücklich machen. Viele ahnen das, aber das hindert sie nicht daran, trotzdem eine Menge Zeit und Energie aufzubringen, um nach diesen Dingen zu streben. Klar tun wir das auch deswegen, weil wir uns in einem dauernden Konkurrenzkampf mit anderen um Aufmerksamkeit zu befinden scheinen. Dieser Wettstreit führt über kurz oder lang dazu, dass wir materielle Güter anhäufen und Karriere machen. Dagegen ist auch nichts zu sagen, nur glücklicher werden wir dadurch nicht. Denn wie schon gesagt: Auch wenn sich unsere Lebensumstände kontinuierlich verbessern, schon bald nehmen wir das nicht mehr wahr. Etwas Gutes hat diese Nachricht dennoch: In der anderen Richtung stimmt diese Aussage auch. Selbst wenn sich unsere Lebensumstände verschlechtern, ändert sich unser Glücksempfinden nicht dauerhaft. Und das gilt selbst für einschneidende Erlebnisse wie Krankheiten und körperliche Beeinträchtigungen, Scheidungen und selbst den Verlust des Partners durch Tod. Glücklich sein ist also wohl keine Frage des „Mehr" oder „Weniger", wir können Glück nicht kaufen, Glück scheint weniger von äußeren Einflüssen abzuhängen, als wir glauben.

Lottogewinn oder Schicksalsschlag – wir gewöhnen uns an alles

Dazu gibt es eine vielzitierte Studie mit Menschen, die im Lotto gewonnen hatten, und Menschen, die infolge eines Unfalls plötzlich gelähmt waren. Forscher verglichen die Zufriedenheit dieser beiden Gruppen mit einer Kontrollgruppe. Das erste Ergebnis entspricht dem, was man erwarten konnte: Die Unfallopfer waren noch ein Jahr nach dem Unfall unglücklicher als die Lottogewinner. Doch das zweite Ergebnis war eine Überraschung: Der Unterschied zwischen beiden Gruppen war längst nicht so groß, wie man erwartet hätte. Beide Gruppen waren fast gleich glücklich. Dieses Phänomen kennt man seit den 1970er-Jahren als „Set-Point-Theorie" des Glücks. Der Mensch hat nach dieser Theorie ein stabiles Glücksniveau. Geschieht etwas, gerät dieses Glücksniveau kurz aus dem Gleichgewicht, wir fühlen uns glücklicher, wenn für uns erfreuliche Dinge passieren, und unglücklicher, wenn negative Ereignisse oder Schicksalsschläge eintreten. Doch nach einiger Zeit kehren wir wieder zu unserem alten Glückslevel zurück. Selbst große Einschnitte werden uns gemäß dieser Theorie im Leben weder langfristig glücklich noch unglücklich machen. Dieser Gewöhnungseffekt an Veränderungen wird auch als Adaption bezeichnet, die logischerweise nicht nur in Extremsituationen, sondern auch bei gewöhnlichen Vorgängen wie dem Kauf eines Handys oder dem Umzug in eine größere Wohnung stattfindet. Oft wird in diesem Zusammenhang von der „hedonistischen Tretmühle" gesprochen. Auch wenn der Ausdruck nicht besonders sympathisch klingt, beschreibt er das Problem doch ziemlich genau: Wenn sich unser Glück irgendwann wieder dort einpendelt, wo es vorher war, ändert sich nichts. Wir treten auf der Stelle.

Die Ökonomie des Glücks: Macht uns „mehr" zufriedener? Oder ist weniger mehr?

Die Konstanz unseres Glücks- oder Unglücksgefühls belegen andere Untersuchungen sehr eindrucksvoll: So hat sich die Zahl der Menschen, die mit ihrem Einkommen unzufrieden sind, in den letzten 30 Jahren nicht wesentlich verändert, und das, obwohl der Lebensstandard deutlich gestiegen ist.

(Für Politiker ist das natürlich eine schlechte Nachricht – denn am Ende bedeutet das, egal, wie stark die Wirtschaft auch wachsen mag, unser Wohlbefinden wird sich dadurch nicht dauerhaft in eine Richtung zu mehr Zufriedenheit und Glück hin entwickeln.)

Bemerkenswert (aber auch heiß umstritten) dabei ist auch, dass in Studien immer wieder nachgewiesen wurde, dass unser Glücksgefühl möglicherweise nur bis zu einem bestimmten Einkommensniveau spürbar ansteigt. Ab einer bestimmten Einkommenshöhe dagegen soll ein weiterer Zuwachs kaum noch einen messbaren Effekt auf unsere Zufriedenheit haben. Unser Glücksgefühl wächst also nicht direkt proportional mit unserem Kontostand, eine Tatsache, die die Volkswirtschaft als abnehmenden Grenznutzen kennt. Je mehr ich von einer Sache habe, desto niedriger wird der zusätzliche Nutzen, wenn ich weitere Einheiten dieser Sache erhalte – ganz egal, ob es sich dabei um Geld handelt oder um andere materielle und auch ideelle Güter. Schließlich will nicht jeder mit zusätzlichem Einkommen einfach nur den Besitz oder den Wert seines Portfolios steigern, viele möchten sich für das hart verdiente Einkommen einfach etwas leisten.

Doch auch hier gilt das gleiche Prinzip: Es lässt sich leicht vorstellen, dass es einen größeren Unterschied macht, ob man überhaupt ein Bett und ein Dach über dem Kopf hat oder mittellos auf der Straße lebt, als von einer Vierzimmer- in eine Fünfzimmerwohnung umzuziehen. Und auch der Unterschied, ein Auto zu besitzen oder keines zu haben, ist größer als der Unterschied, drei oder vier Autos in der Garage stehen zu haben. Und die hundertste Fernreise macht uns wahrscheinlich weniger glücklich als die erste oder zweite Reise.

Die Glücksvorstellung der Ökonomie geht zwar davon aus, dass mehr immer besser ist als weniger. Zwei Stück Kuchen sind immer besser als eins, zwei Autos sind nur einem vorzuziehen. Logischerweise sind dann auch alle besser dran, wenn sich das Einkommen erhöht, weil dann mehr gekauft werden kann. Aber die Untersuchungen zeigen, dass dieser Zuwachs an Zufriedenheit durch mehr Einkommen und mehr Konsummöglichkeiten ab einem bestimmten Gehaltsniveau immer geringer wird, bis er gar nicht mehr spürbar ist. Eine Art Sättigungsgrenze scheint erreicht zu werden, zumindest, was unsere Zufriedenheit betrifft.

Macht uns also ein permanentes „Mehr" gar nicht glücklich? Wäre vielleicht eher Verzicht unter dem Motto „weniger ist mehr" angebracht?

Für viele Wissenschaftler greifen sowohl die Gewöhnungstheorie wie auch die ökonomische Theorie des Glücks viel zu kurz – zwar bringen beide Ansätze wichtige Ergebnisse, können aber schlussendlich nicht erklären, was unser Glück tatsächlich ausmacht. Wenn also steigende Einkommen und permanenter Mehr-Konsum nicht dauerhaft glücklich machen, es aber auch keine vollständige Gewöhnung an alles gibt, was hat das für unser Glücksempfinden zu bedeuten? Wie so oft bringt bei derartigen Fragen ein Blick auf die Entwicklungsgeschichte des Menschen etwas mehr Licht ins Dunkel.

Glück – ein Ergebnis der Evolution?

Was wir unter Glück und Unglück verstehen, trug gleichermaßen dazu bei, dass wir heute am Leben sind und die Menschheit nicht ausgestorben ist. (Und das gilt noch heute.)

Diese Auffassung vertritt zumindest der britische Ökonom und Professor für Wirtschaftswissenschaften Richard Layard. Nach seiner Meinung macht uns genau das, was unseren Vorfahren das Überleben sicherte, noch heute glücklich. Tief in unseren Genen und in unserer Vorgeschichte liegen nicht nur die Gründe, warum uns Essen so wichtig ist und manche von uns richtig glücklich macht, sondern auch, warum wir bestimmte Dinge lieber essen als andere. Hamburger oder Steaks schmecken vielen deswegen noch so gut, weil saftiges Mammut den Urmenschen überleben ließ. Und nicht, weil sie noch heute auf die Menge an Proteinen angewiesen wären. Das gleiche gilt nach Meinung von Professor Layard auch für Sex und Freunde. Alle drei Faktoren – Nahrung, Fortpflanzung und soziale Sicherheit – sind Garanten dafür, das eigene Überleben und auch das der ganzen Spezies zu sichern. Gutes Essen, liebevolle Berührungen und intensiver Austausch mit Gleichgesinnten lässt unseren Körper Glückshormone ausschütten, wir fühlen uns gut. Demgegenüber führen Durst, Hunger, Kälte und Einsamkeit dazu, dass wir uns schlecht fühlen. Wir fühlen uns unglücklich, in einem unbefriedigenden Zustand, den wir so schnell wie möglich überwinden wollen. Aber genau diese kritischen Situationen und freudlosen Momente waren für die menschliche Evolution von entscheidender Bedeutung, weil sie unsere Vorfahren zwangen, sich mit Problemen auseinanderzusetzen und zu neuen Lösungen zu kommen. Hätte es diese nicht gegeben, wären wichtige Impulse zur Weiterentwicklung ausgeblieben. Hätte der Mensch nie gefroren, gäbe es heute keine Heizung. Wäre die Schlepperei nicht so anstrengend gewesen, hätte niemand das Rad erfunden. Ganz einfach.

Eine Erfahrung, die wir vielleicht auch heute noch sehr gut nachvollziehen können: Immer wenn wir scheitern, lernen wir am meisten, unsere Kreativität wird angespornt, wir wachsen an den Aufgaben und verlassen unsere Komfortzone, was uns schließlich ermöglicht, Grenzen zu überwinden, die wir vorher nie angegangen wären.

Unterstützung für die Theorie, dass das Glück in unseren Genen liegt, liefert auch die medizinische Forschung. Denn Zufriedenheit fühlt sich nicht nur gut an, sondern macht auch gesünder. Glückshormone stärken das Immunsystem und senken das Stresshormon Cortisol, was insgesamt die Gesundheit fördert. Glückliche Menschen erholen sich schneller von Krankheiten, sind weniger anfällig für Herzerkrankungen und -infarkte. Es sieht also so aus, als ob allein schon die Tatsache, dass man sich glücklich fühlt, die Überlebenschancen erhöht. Bedeutet das also, dass Glück angeboren ist?

Dass die Gene zum Großteil darüber entscheiden, wie glücklich wir sind, glaubten auch die Forscher David Lykken und Auke Tellegen aufgrund von Zwillingsstudien. In ihren 1996 veröffentlichten Untersuchungen zeigte sich, dass getrennt aufgewachsene Zwillinge ähnlich glücklich waren. Andere Wissenschaftler wiesen das aber umgehend zurück – schließlich seien die Zwillinge in sehr ähnlichen Umständen groß geworden, zum anderen trägt die Umwelt sehr entscheidend zu Glück und Unglück bei, und am Ende entscheiden wir durch unsere Handlungen selbst am meisten darüber, ob wir glücklich oder unglücklich werden. Eine weitere ungelöste Streitfrage also: Wer ist für unser Glück verantwortlich? Die Gene, die Umwelt oder doch wir selbst?

Die Antworten auf diese Fragen interessieren natürlich

nicht nur mich. Glücksforscher aus allen möglichen Disziplinen führen Versuche durch, führen Interviews und werten Daten aus, um mehr Informationen darüber zu bekommen. Ein wichtiges Instrument sind dabei regelmäßige Befragungen, die mit Menschen auf der ganzen Welt durchgeführt werden.

Lässt sich Glück messen – der World Happiness Report

Was Menschen weltweit glücklich macht, zeigt der seit 2012 jährlich erscheinende World Happiness Report. Dieser „Welt-Glücks-Bericht" ist laut Wikipedia ein jährlich von den Vereinten Nationen „veröffentlichter Bericht. Der Bericht enthält Ranglisten zur Lebenszufriedenheit in verschiedenen Ländern der Welt und Datenanalysen aus verschiedenen Perspektiven."

Demnach hängt unsere Zufriedenheit als Erwachsene im Wesentlichen von drei Aspekten ab: unserer wirtschaftlichen Situation (Einkommen, Bildung und Arbeit), unserem sozialen Gefüge (Partnerschaft, Freundeskreis, Kinder) und unserer persönlichen körperlichen und geistigen Gesundheit. Die einzelnen Glücksstifter werden zusammengefasst, am Ende entsteht so etwas wie eine Nationenwertung. Beim letzten World Happiness Report war das Spitzentrio Finnland vor Dänemark und der Schweiz, Deutschland schaffte es immerhin auf Platz 17 knapp hinter Irland, aber noch vor den USA.

Problematisch am Welt-Glücks-Bericht ist, dass die meisten dieser Faktoren ziemlich allgemein gehalten sind. Klar, dass Geld, Soziales und Gesundheit wichtig sind, aber was bedeutet das konkret? Lässt sich ein Zuwenig an Einkommen mit einer besseren Gesundheit aufwiegen? Fällt es uns leichter, krank zu sein, wenn wir verheiratet sind oder viele Freunde haben? Gleicht eine höhere Bildung Unzufriedenheit am Arbeitsplatz aus? Sollen wir mehr arbeiten? Oder lieber weniger arbeiten und die Gesundheit schonen? Uns permanent weiterbilden? Viele Freunde haben oder nur wenige gute? Kein Kind, eins, zwei oder mehrere Kinder haben? Und wie viel Geld brauche ich denn genau, um glücklich zu sein?

Fangen wir mit der letzten Frage an.

Macht (mehr) Geld wirklich glücklich?

„Geld macht nicht glücklich, aber es beruhigt ungemein." „Geld macht nicht glücklich, aber es trauert sich besser in einem Sportwagen." „Geld macht nicht glücklich, aber es verdirbt den Charakter."

Geld macht nicht so glücklich, wie viele meinen. Das zeigen nicht nur die genannten Volksweisheiten, sondern auch ganz nüchterne wissenschaftliche Studien. Wir haben bereits zu Anfang dieses Kapitels erwähnt, dass höheres Einkommen nicht automatisch zu mehr Glück und Zufriedenheit führt. Diese Erkenntnis wurde 1974 in einer Untersuchung gewonnen und ging als sogenanntes Easterlin-Paradox in die Annalen der Wissenschaft ein. Der Ökonom Robert Easterlin hatte erstmals die Grundannahme der Wirtschaftswissenschaft infrage gestellt, die davon ausgeht, dass wirtschaftliches Wachstum Menschen glücklicher macht. Er stützte sich dabei auf Untersuchungen in mehreren Ländern. So hatten sich in Japan die Wirtschaftsleistung und damit die

Einkommen zwischen 1950 und 1970 versiebenfacht, die Menschen fühlten sich deswegen aber nicht sieben Mal glücklicher. Auch in den USA stieg das Einkommen nach dem Zweiten Weltkrieg kontinuierlich, und auch hier nahm die Zufriedenheit nicht so zu, wie der Wohlstandszuwachs es hätte vermuten lassen. Easterlin konnte diese Erkenntnis in weiteren Studien immer wieder belegen: Trotz steigenden Wohlstands stagniert die Zufriedenheit in den USA, während Depressionen und Suizide zunehmen. Dies galt auch für Länder, die von einem deutlich niedrigeren Wohlstandsniveau ausgingen. In China wurde die Bevölkerung trotz aller ökonomischen Erfolge nicht zufriedener. Während des starken Wirtschaftswachstums der 1990er-Jahre sank die Zufriedenheit sogar, durchschritt Mitte der 2000er eine Talsohle und erholte sich erst in den letzten Jahren gerade einmal wieder davon. Unzufriedener machte die Menschen vor allem die steigende Arbeitslosigkeit, die Auflösung der sozialen Sicherungssysteme und die wachsende Ungleichheit bei Einkommen und Vermögen. Gemäß dem Easterlin-Paradox macht Geld nur so lange glücklich, wie es uns dabei hilft, echte Armut hinter uns zu lassen.

Was bedeutet Armut in diesem Zusammenhang?

Echte Armut liegt dann vor, wenn Menschen nicht wissen, ob sie morgen genug zu essen haben werden und ob sie in der Lage sind, dafür zu sorgen, dass ihre Söhne und Töchter die ersten Jahre überleben. In den fortgeschrittenen Volkswirtschaften existiert diese Art der Armut kaum noch, aber auch hier gibt es ein erhebliches Gefälle zwischen Arm und Reich und einen großen Prozentsatz von Menschen, die sich in der unteren Einkommensebene bewegen. Für Hartz-IV-Empfänger und Mindestlohnbezieher stellt daher jede

Erhöhung des Einkommens eine spürbare Verbesserung ihrer Lebensumstände und damit ihrer Zufriedenheit dar. Irgendwann erreichen viele Menschen aber einen gewissen Punkt des Wohlstands, am dem die wichtigsten und drängendsten Bedürfnisse erst einmal gestillt sind. Haben wir dieses Niveau erreicht, dann freuen wir uns zwar noch über fünf Prozent mehr Einkommen, aber nicht lange, weil diese Erhöhung unsere Lebensqualität nicht erheblich verbessern kann. Wo der Punkt genau liegt, an dem die Zufriedenheitssteigerung ihr Ende findet, ist – wie sollte es anders sein? – heftig umstritten. Für ein Land wie Deutschland wird er irgendwo in der Einkommensspanne von 40 000 bis 70 000 Euro Brutto-Haushaltseinkommen verortet, abhängig davon, ob es sich um einen Single-Haushalt, Doppelverdiener oder eine Familie handelt. Und natürlich spielen auch regionale Unterschiede eine erhebliche Rolle – die Lebenshaltungskosten in München oder Hamburg sind höher als auf dem Land in Mecklenburg-Vorpommern oder dem Saarland. Ein großer Teil unserer Mitmenschen hat diesen Punkt längst erreicht oder überschritten. Warum sehen wir dann nicht in lauter glückliche Gesichter?

Warum macht mehr Geld irgendwann nicht mehr glücklicher?

Ein Grund für das Easterlin-Paradox ist der bereits angesprochene, aus der Volkswirtschaft bekannte abnehmende Grenznutzen. Demnach steigert die erste Portion Nudeln unsere Zufriedenheit deutlich. Klar, wir haben Hunger und vielleicht schon lange nichts mehr gegessen. Da geht dann vielleicht auch noch eine zweite Portion. Das macht uns ebenfalls zufriedener, aber vielleicht doch nicht mehr so sehr wie die erste. Nach der dritten Portion merken wir vielleicht gar keine Verbesserung mehr, eher das Gegenteil. Gilt das auch für Geld? Schließlich macht es nicht satt, wir können es unbegrenzt anhäufen, wir können damit Uhren, Autos und Häuser oder irgendetwas anderes sammeln. Dennoch: Auch bei materiellen Gütern gibt es eine Art Sättigungsgrenze. „Es bringt nichts, ständig shoppen zu gehen. Irgendwann habe ich es satt", sagte dazu einmal eine Rekord-Lottogewinnerin. Die Psychologie spricht hier auch von „Habituation". Das gilt für positive genauso wie für negative Erfahrungen oder, wie Cat Stevens es in einem seiner Songs ausdrückte: „The first cut is the deepest." Wir vergleichen alles, was wir erleben, mit vorangegangenen Erfahrungen, oft gerade mit der ersten Erfahrung. Das führt dazu, dass die Begeisterung von Mal zu Mal abnimmt.

Aber das ist noch nicht alles, die Stoiker wussten es bereits: Auch Verlustängste sind ein Argument dafür, dass Wohlstand nicht endlos glücklicher macht. Mit zunehmendem Besitz steigt nämlich auch die Angst, ihn zu verlieren.

Und ein dritter Grund, warum Geld nicht unbegrenzt glücklich macht, liegt darin, dass wir unser Leben meist mit dem Leben anderer Menschen vergleichen und unsere Situation danach bewerten, ob wir mehr oder weniger haben als die anderen. „Keeping up with the Jones" heißt das in den USA und lässt sich gut in Vorstädten beobachten – kaum hat ein Nachbar ein neues Auto gekauft, ein Trampolin oder einen Pool im Garten, ziehen die anderen nach. Deswegen sorgt auch zunehmende Ungleichheit in der Gesellschaft zwangsläufig für Frust und Unzufriedenheit. Denn selbst wenn es allen Menschen besser geht, fühlen sich viele unzufrieden, wenn sie nicht zu der Gruppe der absoluten Gewinner gehört. Eine Gehaltserhöhung von 500 Euro ist eine schöne Sache, aber nur so lange, bis wir erfahren, dass der Kollege im Büro nebenan 1000 Euro mehr im Monat bekommt.

Der soziale Vergleich macht uns also immer wieder einen Strich durch die Rechnung. Das gilt beim Kauf eines Autos, bei der Wahl des Urlaubsorts oder einem Umzug in ein neues Domizil. Es kann so schön auf Mallorca oder in Italien gewesen sein, wie man es sich nur vorstellen kann. Erzählen Bekannte aber dann vom Traumstrand in der Karibik oder der gerade absolvierten Weltreise, verfliegt unsere Freude oft sehr schnell. Im neuen Viertel wohnen wir vielleicht wesentlich komfortabler als vorher, die Häuser unserer Nachbarn sind aber vielleicht noch viel luxuriöser als unseres. Vergleichen wir uns mit diesen, sind wir wieder die Ärmsten und haben nichts gewonnen.

Wie auch immer, es sieht so aus, als ob Epikur mit seiner Aussage recht hatte, dass wir einfach Narren sind – wir bemühen uns, Dinge zu erreichen, und wenn wir sie dann erreicht haben, schätzen wir sie nicht mehr. Entweder weil sie uns nicht das geben, was wir uns erhofft haben (denn wir kaufen uns oft Häuser, Autos, Schmuck oder andere Dinge, weil wir dadurch Anerkennung, Aufmerksamkeit oder Status gewinnen wollen). Oder weil unsere Erwartungen schon längst wieder gestiegen sind. Wenn man Menschen fragt, was für sie zu einem guten Leben dazugehört, sagen sie in der Regel erst einmal „ein Haus, ein Auto, ein Fernseher und Reisen". Im Lauf des Lebens werden sich die meisten das leisten können, was sie dann für eine bestimmte Zeit auch zufriedener macht. Aber irgendwann fällt das Glückslevel wieder auf seinen Ausgangspunkt zurück und dann entstehen schnell neue Wünsche: Jetzt muss es ein Pool oder ein Ferienhaus sein.

Geld scheint glücklich zu machen, zumindest so lange, bis unsere Grundbedürfnisse gedeckt sind, es uns unabhängiger und freier macht. Aber bei allen Dingen, die wir uns kaufen können, kommen uns unsere Erwartungen immer wieder in die Quere. Um dauerhaft glücklich zu werden, sind also Geld, Besitz und Vermögen und das Streben danach vielleicht nicht die richtigen Mittel. Doch wie sieht es in anderen Bereichen aus, die der World Happiness Report als Determinanten unserer Zufriedenheit ausmacht? Sind ein gesunder Geist und Körper stabilere Glückslieferanten? Sind wir, was die Beziehungen zu anderen Menschen betrifft, auch Opfer unserer dauernd steigenden Erwartungen? Oder brauchen wir vor allem Arbeit oder eine sinnvolle Beschäftigung, die uns Zufriedenheit schenkt?

Macht Gesundheit glücklich?

Für eine Langzeitstudie werden seit 1984 jährlich 85 000 Deutsche per Telefon befragt: Was macht Sie wirklich zufrieden?" Das wichtigste Ergebnis dieser Studie lautet: Für die Deutschen ist eine gute Gesundheit der stärkste und eindeutigste Faktor für ihre Lebenszufriedenheit und für langfristiges Lebensglück. Laut aktueller Befragungen ist Gesundheit in der Corona-Pandemie mit 90,5 Prozent sogar mit Abstand zum wichtigsten Faktor geworden.

Dass gesunde Menschen zufriedener als kranke sind, ist keine Überraschung und wird von Befragungen und in Versuchen gleichermaßen belegt. Auch scheint die Set-

Top-Theorie in dieser Hinsicht nicht ganz zu greifen: So sind Menschen mit Behinderungen beispielsweise dauerhaft unzufriedener als Menschen ohne Behinderungen. Geld und Gesundheit unterscheiden sich also in ihrer Bedeutung für unser Glück in einem wesentlichen Punkt: Geht es um Geld oder materielle Dinge, ändern sich unsere Erwartungen mit den Umständen, unsere Erwartungen steigen immer weiter, egal, wie viel wir erreichen. Bei der Gesundheit ist das in der Regel nicht so: Wir wollen einfach immer gesund sein. Sind wir gesund, wollen wir aber in der Regel nicht noch gesünder werden – sieht man einmal von Gesundheitsaposteln und Fitness-Fanatikern ab. Das bedeutet im Umkehrschluss aber auch: Kommt es zu einer andauernden gesundheitlichen Verschlechterung, zum Beispiel durch eine chronische Krankheit, werden wir auch dauerhaft unzufriedener. Abgesehen von Freizeit- und Leistungssportlern, die Kraft, Ausdauer und Beweglichkeit als Kriterien für Gesundheit durchaus mit anderen messen, vergleichen wir in der Regel unseren Gesundheitszustand auch nicht mit dem von anderen Menschen. Wir schaukeln uns also nicht gegenseitig hoch. Auch wenn der Nachbar deutlich fitter ist und jeden Tag zum Laufen geht, kann uns das zwar inspirieren, das Gleiche zu tun, und vielleicht sogar noch ein wenig mehr, um ihn zu übertreffen. Aber unglücklich werden wir nicht, wenn wir das nicht schaffen.

Das Problem mit der Gesundheit als Glücksfaktor ist ein anderes: Wir altern, werden kränker und damit immer unzufriedener. Und mit Geld lässt sich Gesundheit, auch wenn das viele glauben, nicht kaufen. Das Paradoxe dabei: Obwohl die meisten um die überaus hohe Bedeutung der Gesundheit für ihre Zufriedenheit wissen, schenken sie ihr dennoch nicht die nötige Aufmerksamkeit – es wird zu viel oder das Falsche gegessen, man bewegt sich zu wenig, raucht oder trinkt, und im schlimmsten Fall alles zusammen. Und selbst, wenn man erkennt, dass das die körperliche Leistungsfähigkeit und das Wohlbefinden einschränkt, passiert nichts. Viele können sich nicht motivieren, ihren Lebensstil zu ändern, und statt Verantwortung für sich selbst zu übernehmen, wird diese an den Arzt und die Pharmabranche abgegeben. Dabei wird gerade mit zunehmendem Alter die Gesundheit das entscheidende Element unserer Zufriedenheit. Eine Langzeitstudie, in der die Teilnehmer über 75 Jahre lang begleitet wurden, erbrachte ein eindeutiges Ergebnis: Die Beurteilung der Lebensqualität im Alter hing nicht von der Karriere, sondern von der Gesundheit ab. Die meisten werden jetzt vielleicht nur an Herz- und Kreislauferkrankungen, Diabetes oder Krebs denken, wenn ich von Gesundheit spreche. Der World Happiness Report besagt aber, dass auch psychische Erkrankungen (zumindest in den USA, Großbritannien und Australien) auf unser Glück einen überaus negativen Einfluss haben. In den meisten Ländern dieser Welt würde der Grad der Zufriedenheit enorm ansteigen, wenn es zum Beispiel gelänge, Depressionen und Angststörungen zu beseitigen.

Der dritte wesentliche Einflussfaktor sind unsere Beziehungen zu anderen Menschen, zu unseren Partnern, Kindern und Familienmitgliedern, zu Freunden und Bekannten. Und klar, jeder, der einmal verliebt war, weiß, wie es sich anfühlt, die Welt in rosaroten Farben zu sehen und gleichsam durch die Welt zu schweben. Doch machen uns Beziehungen zu anderen Menschen dauerhaft glücklich?

Macht Heiraten wirklich glücklich?

Für viele Menschen ist das Finden eines Partners, mit dem man eine Zeit, oft sogar ein Leben lang zusammen ist, das Führen einer Partnerschaft oder die Gründung einer Familie ein, wenn nicht der entscheidende, Glücksmoment in ihrem Leben. Viele Studien scheinen das zu belegen und in Befragungen äußern Menschen oft die Überzeugung, dass ihre Partnerschaft entscheidend zu ihrem Glück beiträgt. Und eine glückliche, stabile Beziehung zeitigt, so haben Wissenschaftler herausgefunden, viele positive Auswirkungen: Verheiratete leben im Schnitt nicht nur länger, sie sind auch noch gesünder und zufriedener als unverheiratete Menschen. Stabile, vertrauensvolle und intime Beziehungen, wir wissen es bereits, sind notwendig für das Überleben. Dieser Effekt verkehrt sich in das Gegenteil, wenn die Beziehung aus irgendeinem Grund endet. Stirbt der Ehepartner, macht das nicht nur für eine kurze Zeit unglücklich – diese Entwicklung kann viel länger, sogar über ein Jahrzehnt andauern. Das Gleiche gilt für eine Scheidung. Auch sie macht nachhaltig unglücklich. Ökonomen, die alles gern bewerten, haben in einer Studie errechnet, dass eine Scheidung doppelt so schwer wiegt wie ein dreißigprozentiger Rückgang des Einkommens. Und dann gibt es jene Studien, die trocken konstatieren: Nein, heiraten macht nicht glücklicher. Wenn der Flitterwochen-Effekt abklingt, sind Paare so glücklich, wie sie vorher als Singles waren. Also auch hier wieder – wie beim Geld – der Gewöhnungseffekt, der uns von dauerndem Glück abhält.

Machen Kinder glücklich? Oder vielleicht Enkel?

Die Geburt eines Kindes ist sicher ein einzigartiger Moment im Leben jeder Mutter – und auch jedes Vaters. Die Natur hat es gut eingerichtet, dass der notwendige Hormon-Cocktail auch in der Zeit danach die Eltern mit positiven Emotionen versorgt. Schwangerschaft, Geburt und die ersten Baby-Jahre vermitteln ein ganz besonderes Glücksgefühl. Doch mit der Zeit werden auch die negativen Begleiteffekte spürbar. Denn Kinder krempeln das gewohnte Leben ihrer Eltern um und verändern so die Routinen, die gerade für das Glück in der elterlichen Beziehung entscheidend waren. Kinder schränken also nicht nur die Souveränität und Selbstbestimmung der Eltern ein, sie bestimmen gerade in den ersten Lebensjahren fast den kompletten Tagesablauf. Viele Dinge, die für Vergnügen sorgten, wie spontaner Sex, Shopping oder Ausgehen sind dann nicht oder zumindest nicht mehr problemlos möglich. Und das hat einen tendenziell negativen Effekt auf die Lebenszufriedenheit, was noch zusätzlich durch die Tatsache verstärkt wird, dass die Partner weniger Zeit füreinander haben und sich manchmal auch mit finanziellen Engpässen sowie einer klassischeren Rollenverteilung abfinden müssen.

Neue Studien zeigen zudem, dass auch hier wieder der Gewöhnungseffekt greift. Der Nachwuchs kann also zunächst einmal glücklich machen, die Zufriedenheit sinkt aber nach einer Weile auch hier wieder auf das Ausgangsniveau. In einer anderen Untersuchung brachte nur das erste Kind den Frauen mehr Zufriedenheit, das zweite ließ den Grad aber sofort wieder sinken. Auch wenn wir das alles ahnen: Der Kinderwunsch ist dennoch bei vielen Frauen und Männern stark ausgeprägt. Und sicher liegt die Antwort auch hier wieder in der Evolution: Würden wir nicht glauben, dass Kinder uns glücklicher machen, wäre der Mensch wahrscheinlich schon ausgestorben.

Der amerikanische Glücksforscher Daniel Gilbert betrachtete den Glücksfaktor Kinder und Enkelkinder im Zeitverlauf und kam dabei zu folgendem Ergebnis: Die Zufriedenheitskurve folgt einem Verlauf in U-Form: Ein verheiratetes Paar ohne Kinder fühlt sich ziemlich zufrieden. Dann kommen Kinder auf die Welt. Die Zufriedenheit sinkt kontinuierlich, bis die Kinder dann in der Pubertät sind. Und dann passiert das Erstaunliche: Die Zufriedenheit steigt wieder annähernd auf das Ausgangsniveau, wenn die Kinder das Nest verlassen. Dieser Verlauf treffe besonders auf Frauen zu, die hauptsächlich für die Erziehung verantwortlich sind. Andere Experten verweisen dann im Gegenzug gern auf das „Empty-Nest"-Phänomen, den Glücksverlust und die damit erhöhte Trennungsgefahr, die nach Auszug der Kinder die Ehepartner bedroht. Sicher scheint zumindest zu sein, dass Enkelkinder rundum glücklich machen, was wohl daran liegt, dass Großeltern die Enkel immer nur für eine bestimmte Zeit in ihre Obhut nehmen und auch nicht wirklich die Verantwortung für sie tragen müssen.

Machen Freunde glücklich?

Familie kann man sich nicht aussuchen, Freunde und Bekannte dagegen schon. Es spricht also einiges dafür, dass uns ein funktionierendes Netz an sozialen Kontakten zufriedener macht, weil es gerade in einer sich schnell verändernden Welt für Stabilität und Sicherheit sorgt. Im World Happiness Report spielt diese Form der sozialen Unterstützung eine große Rolle, und auch in Langzeitstudien schätzten sich Pensionäre als besonders glücklich ein, wenn sie es schafften, ihre ehemaligen Arbeitskollegen durch neue Freunde zu ersetzen. Wer hingegen ohne soziale Bindungen das Alter verbringen musste, äußerte viel häufiger Gefühle von Unzufriedenheit. Keine Frage, Freunde sind sehr wichtig für unsere Zufriedenheit. Dabei geht Qualität vor Quantität: Nicht die Anzahl der Freunde sei entscheidend, sondern wie eng die Beziehungen sind. Glücklich sind wir, wenn wir uns auf jemanden verlassen können. Ich werde später noch auf dieses Thema ausgiebig eingehen, denn Freunde sind für mich ein entscheidender Teil meines Wohlbefindens.

Die Palliativpflegerin Bronnie Ware verbrachte viel Zeit mit Todkranken und schrieb ein Buch darüber, welche fünf Dinge sterbende Menschen am meisten bereuen. Einer der fünf Punkte dabei war, den Kontakt zu Freunden nicht aufrechterhalten zu haben. „Viele meiner Patienten bedauerten, dass sie nicht genügend Zeit in ihre Freund-schaften investiert hatten. Der Grund, den die Sterbenden für den Kontaktabbruch nannten, war nicht selten die Arbeit. Viele von uns würden sich gern öfter mit ihren Freunden treffen, wäre der Feierabend nicht immer so schnell vorbei."

Die Arbeit hat im Leben der meisten von uns einen hohen Stellenwert. Wir investieren viel Zeit und Energie in unse-re täglichen Aufgaben, und da stellen sich wahrscheinlich jedem immer wieder einmal die Fragen: Macht mich das, was ich tue, wirklich glücklich? Hat es Sinn? Verzichte ich dadurch nicht auf Beschäftigungen, die mir sehr viel mehr geben würden? Könnte ich meine Zeit nicht mehr für meine Familie oder meine Freunde nutzen?

Macht Arbeit glücklich?

Über eine Tatsache gibt es wenig Dissens: Arbeitslosigkeit macht unglücklich – nicht allein wegen des geringeren Einkommens, sondern vor allem, weil Sinn und Zugehörigkeit fehlen. Diese negativen Effekte der Arbeitslosigkeit halten auch dann noch über eine längere Zeit an, selbst wenn Arbeitslose längst wieder eine Beschäftigung gefunden haben. Es ist immer besser, irgendetwas zu tun, als nichts zu machen.

Und dennoch sind fast neunzig Prozent aller Menschen von ihrer Arbeit frustriert. Zu diesem Ergebnis kam zumindest eine Untersuchung des Umfrageinstituts Gallup unter 25 Millionen Beschäftigten in 189 Ländern. Woran liegt das?

Unsere Wirtschaftswelt basiert in vielerlei Hinsicht noch immer auf den Gedanken klassischer Ökonomen wie Adam Smith und Frederick Taylor – den Urvätern der Arbeitsteilung und Fließbandproduktion. Nach ihren Theorien arbeiten Menschen ausschließlich deswegen, damit sie Geld verdienen. Sie gingen von der eher pessimistischen Voraussetzung aus, dass Menschen ohne materielle Belohnungen nichts tun würden, Sinn oder Erfüllung nur eine untergeordnete Bedeutung besitzen. Die Annahme, dass Menschen nur um des Geldverdienens willen arbeiten, hat letztlich zu einer Arbeitswelt geführt, in der Tätigkeiten so von ihrem Sinn entkoppelt sind, dass sich Menschen tatsächlich nur noch über Geld motivieren können – eine sich selbst erfüllende Prophezeiung.

Dabei sieht die Wahrheit anders aus: Der Psychologe Mihaly Csikszentmihalyi fand heraus, dass Menschen dann besonders zufrieden mit ihrer Arbeit sind, wenn sie sich im sogenannten „Flow" befinden. Wenn wir im Flow sind, gehen wir vollkommen in unserem Tun auf, wir fühlen uns mit etwas Größerem verbunden, die Zeit verfliegt, ohne dass wir es merken. Und das ist dann auch die Voraussetzung dafür, erfolgreich zu sein. Das behauptet wenigstens Harvard-Professor Shawn Achor. Für ihn ist es ein Trugschluss, wenn Menschen glauben, sie könnten erfolgreicher werden, indem sie härter arbeiten. Und wenn sie dann erfolgreicher sind, würden sie auch glücklicher werden. Während seinen Untersuchungen stellte er über die Jahre hinweg fest, dass es genau umgekehrt ist: Wer glücklich ist, dessen Gehirn ist um bis zu 31 Prozent produktiver als das Gehirn in einem neutralen oder negativem (Gedanken)-Zustand. Die Intelligenz ist dann höher, die Kreativität verstärkt sich, die Energielevel steigen an. Verkäufer steigern ihre Leistung um 37 Prozent; Ärzte arbeiten 19 Prozent schneller und akkurater.

Oder anders formuliert: Sie werden nicht glücklicher, indem Sie erfolgreicher werden. Es ist genau umgekehrt: Wer glücklich ist, wird auch erfolgreicher und schöpft sein wahres Potenzial voll aus.

Doch wie kommen wir in einen Flow-Zustand in unserer Arbeit, wenn die Realität ganz anders, und zwar so aussieht: Jedes Mal, wenn wir einen Erfolg verbuchen, wird die Latte danach höher gehängt: Du hast eine gute Beurteilung bekommen, jetzt musst du eine sehr gute bekommen. Du hast deine Verkaufsziele erreicht, nächstes Jahr werden sie zehn Prozent höher sein.

Oft wird behauptet, das ist nur möglich, wenn man seiner Leidenschaft folgt, und das, was einem Freude bereitet, zur Arbeit macht. Gerade in den letzten Jahrzehnten hat das Menschen veranlasst, häufiger ihren Job zu wechseln und Neuanfänge zu wagen. Denn gerade für die jungen Generationen sind immaterielle Werte wie Sinn, Freude, persönliche Entfaltung und zwischenmenschliche Beziehungen bei der Wahl ihres Arbeitgebers immer wichtiger geworden.

Bildung, Dankbarkeit, Erlebnisse & Co. – Was sonst noch glücklich macht

Wie gesagt, es gibt Milliarden Menschen auf der Welt und mit ihnen eine hohe Zahl individueller Lebensentwürfe. Dinge, die Menschen glücklich machen, können für andere unvorstellbar sein. Was dem einen Zufriedenheit bringt, kann für einen anderen eine Zumutung sein. Aber es gibt noch einige Glücksfaktoren, die von einer großen Mehrheit der Menschen geteilt werden. Zum Beispiel persönliche Freiheit: Menschen, die unterdrückt werden, sind unglücklicher als Menschen, die in freien Gesellschaften leben. Aber auch Bildung und Wissen spielen eine große Rolle bei der Lebenszufriedenheit: Besser ausgebildete Menschen sind im Laufe ihres Lebens glücklicher als Menschen mit geringerer Bildung, was nicht nur daran liegt, dass mehr Bildung ein höheres Einkommen ermöglicht.

Auch Dankbarkeit ist ein wichtiger Glücksfaktor. Wir neigen dazu, alles als selbstverständlich anzusehen: Warme Wohnungen, volle Kühlschränke, saubere Luft, Handys, Flugzeuge, Autos und vieles mehr. Um die Wunder des

Alltags nicht zu vergessen, sollten wir uns immer wieder daran erinnern, welchen Luxus allein fließendes Wasser aus dem Wasserhahn oder eine Heizung im Winter darstellt. Und dankbar dafür sein, dass wir in einer Zeit leben, in der so vieles möglich ist. Wir haben heute nicht nur Gelegenheit, aus einer Vielzahl von Produkten zu wählen, sondern wir können auch so viele Erfahrungen machen und Erlebnisse sammeln wie keine Generation vor uns. Und gerade Erlebnisse sind für unser Glück wichtiger als Status und Reichtum. Wenn man um den Gewöhnungseffekt weiß, klingt das einleuchtend. Viele Erlebnisse sind oft einzigartig, sie lassen sich nicht beliebig wiederholen.

Doch eine Frage bleibt offen: Welche Erlebnisse machen denn jetzt genau glücklicher? Sind es die großen, außergewöhnlichen, seltenen, aufregenden, die wir fotografieren und an die wir uns unser ganzes Leben erinnern? Die Fahrt durch die Wüste, das einsame Dorf im Himalaya, Wandern in der Antarktis? Oder sind es die ganz normalen, alltäglichen? Der Blick in den Sonnenuntergang, ein schönes Abendessen, ein gemütlicher Spaziergang?

Die Antwort: Es kommt darauf an – und zwar darauf, wie alt wir sind.

Je jünger die befragten Menschen waren, desto eher musste das Erlebnis etwas Besonderes, Ausgefallenes, Großes sein, die älteren waren mit ziemlich gewöhnlichen Ereignissen zufrieden. Ganz entscheidend wichtig war dabei die Einschätzung, wie viel Zeit die Einzelnen in ihrem Leben noch zu haben glaubten. Dazu manipulierten die Forscher den Zeithorizont: Eine Gruppe ging davon aus, dass ihnen noch viel Zeit auf der Erde blieb. Die andere glaubte, dass sie nicht mehr allzu viel Zeit hätte. Das hatte frappierende Unterschiede bei den Ergebnissen zur Folge: Je mehr Zukunft die Testpersonen noch sahen, desto eher zogen sie ihr Glück aus außergewöhnlichen Erlebnissen. Sahen sie ihr Ende bereits nahen, ließen sie sich auch von Alltagserlebnissen zufriedenstellen. Unabhängig davon, wie alt die Befragten tatsächlich waren.

Die Erklärung der Wissenschaftler: Junge Menschen sind noch auf der Suche nach ihrer Identität. Sie wollen ihren persönlichen Lebenslauf füllen – und zwar am liebsten mit einzigartigen Highlights. Ältere haben diese Phase schon hinter sich. Sie wissen, wer sie sind und wo sie stehen. Zwar suchen auch sie weiter nach sinnstiftenden Momenten, doch sie geben sich auch mit weniger zufrieden. Wenn die Zukunft grenzenlos erscheint, übersehen wir also die normalen Momente häufig, doch genau diese normalen Momente machen uns umso glücklicher, je weniger Zeit uns bleibt. Keine wirklich revolutionäre oder spektakuläre Erkenntnis. Aber eine, die man sich selbst gegenüber nicht oft genug wiederholen kann. Nutze den Tag und freue dich an allem, was dir selbstverständlich vorkommt.

Das gelingt uns vielleicht nicht immer, aber wir können es üben. Und vielleicht ist das auch eine der wichtigsten Erkenntnisse: Glück erfordert Training. „Glück ist eine Fertigkeit, die sich erlernen lässt wie eine Sportart oder wie das Spielen eines Musikinstruments." Davon ist der US-Neurophysiologe Richard Davidson überzeugt. Er stützt seine These dabei auf einen Laborversuch, bei dem er die Gehirne acht buddhistischer Mönche mithilfe moderner bildgebender Verfahren beobachtete, während diese meditierten. Das überraschende Ergebnis: Während der Meditation war die Aktivität im linken Stirnhirn der Mönche sehr viel höher als

bei den 150 anderen Menschen, die Davidson als Kontrollgruppe testete. Dieses Erregungsmuster steht für eine gute
Grundstimmung. Bei optimistischen Menschen ist das
linke Stirnareal aktiver als bei unglücklicheren Menschen.
Die linke Seite scheint für Ausgeglichenheit und positive
Gefühle zu sorgen und negative Gedanken kontrollieren zu
können. Davidson deutete das Ergebnis als Beweis dafür,
dass sich unser Bewusstsein und unsere Persönlichkeit
gezielt beeinflussen lassen. Glück kommt also durch gute
Gedanken und entsteht in uns selbst. Und genau an diesem
Punkt werde auch ich ansetzen: Ab dem nächsten Kapitel
starten wir unser Trainingsprogramm zu Glück, Zufriedenheit und Erfolg.

Aber halten wir hier erst einmal fest: Ganz allgemein gesprochen ist alles, was uns glücklich macht, gut für uns und
hat in der Vergangenheit dazu beigetragen, dass die Menschheit als Ganze überlebt hat. Wenn also die Suche nach
Glück tief in uns verankert ist, dann ist es kein Wunder,
dass der Wunsch, glücklich zu sein, eine so wichtige Rolle
in unserem Leben spielt. Die Verfasser der amerikanischen
Unabhängigkeitserklärung hatten also vollkommen recht.
Die Politik eines Staates und die Situation eines Landes sollten danach beurteilt werden, inwieweit sie Glück mehren und
Leid mindern. Und deswegen steht in der Unabhängigkeitserklärung der Vereinigten Staaten auch folgender Satz:
„Folgende Wahrheiten erachten wir als selbstverständlich:
dass alle Menschen gleich geschaffen sind, dass sie von
ihrem Schöpfer mit gewissen unveräußerlichen Rechten
ausgestattet sind, dass dazu Leben, Freiheit und das Streben
nach Glück gehören.“

KAPITEL 3

Wie übernehme ich Verantwortung für mein Leben?

"

Jeder sei der Schmied seines Glücks.
(Appius Claudius Caecus, römischer Konsul, um
340 v. Chr.–273 v. Chr.)

"

Der höchste Genuss besteht in der Zufriedenheit mit
sich selbst.
(Jean-Jacques Rousseau, Genfer Philosoph und
Pädagoge, 1712–1778)

"

Erfolg haben heißt einmal mehr aufstehen, als man
hingefallen ist.
(Winston Churchill, britischer Staatsmann,
1874–1965)

Die Gründer der USA haben es auf den Punkt gebracht:
Jeder von uns hat ein Recht zu leben und dieses Leben in
Freiheit zu führen. Und wir haben das Recht nach Glück
zu streben. Das heißt aber nicht, dass wir ein Recht, auf

Glück haben oder dass uns Glück einfach geschenkt oder in die Wiege gelegt wird. Wir haben das Recht, uns aktiv darum zu bemühen, dass wir glücklich werden. Ein feiner, aber wichtiger Unterschied. Dieses Recht, nach Glück zu streben, in Verbindung mit dem Recht auf Freiheit gibt jedem von uns die Möglichkeit, seinen individuellen Weg zum Glück zu beschreiten. Wie dieser aussieht, muss jeder daher irgendwann selbst entscheiden. Auch wenn wir bereits gesagt haben, dass einige Wege in den Augen der Philosophie und der Wissenschaft erfolgversprechender sind als andere, bedeutet das erst einmal nichts für das Individuum: Denn auch wenn der Durchschnitt einen Gewöhnungseffekt bei Wohlstandssteigerung erlebt oder Gesundheit als wichtigsten Glücksfaktor ansieht, kann das bei Ihnen ja gerade nicht so sein. Jeder muss also erst einmal für sich herausfinden, was ihn oder sie glücklich machen kann. Der eine sieht sein Glück in hohem Einkommen, der andere in materiellen Besitz. Mancher will viele Länder sehen, der andere schnelle Autos fahren oder schicke Klamotten tragen. Wieder andere ziehen ihr Glück vor allem aus den alltäglichen, kleinen Begebenheiten. Eine Wanderung am See, ein Tag mit den Liebsten, ein geselliger Abend mit Freunden. Egal, für welchen Weg man sich entscheidet – nichts davon kommt automatisch von außen auf uns zu. Es ist unsere Aufgabe herauszufinden, was uns glücklich machen soll, und Wege zu suchen, das zu erreichen, also die passenden Schritte zu wählen und Entscheidungen zu treffen.

Oft höre ich: „Ich habe einfach kein Glück." Oder: „Mir fehlt einfach die Begabung oder das Talent, um das zu tun, was mich glücklich machen könnte." Ich erwidere daraufhin immer Folgendes: „Du brauchst weder Begabung noch Talent, um glücklich zu werden. Hör auf zu jammern und fang an zu handeln. Und dazu brauchst du vor allem: Disziplin und Fleiß."

Fleiß und Disziplin – die Grundpfeiler von Erfolg und Zufriedenheit

Disziplin ist ein Begriff, der heute ein wenig aus der Mode gekommen ist. Für mich ist er aber einer der wichtigsten Faktoren im Leben, gerade wenn es darum geht, erfolgreich und glücklich zu werden. Wenn ich nach meinen Talenten und Begabungen gefragt werde, die mich weitergebracht haben, antworte ich immer: „Ich habe kein Talent. Zu nichts. Aber das macht mir nichts aus." Warum? Weil ich weiß, dass Disziplin die Grundvoraussetzung ist, um Erfolg zu haben.

Erinnern wir uns noch einmal kurz an die Glückstheorie von Platon: Für ihn zeichnet sich ein guter Mensch, und das war nach seiner Definition ein in allen Belangen des Lebens erfolgreicher Mensch, durch Besonnenheit und Selbstdisziplin aus. Aber wir können uns auch die Spitzenperformer in unserer Zeit, egal ob aus Kultur, Wissenschaft oder auch dem Sport ansehen. Wie sind zum Beispiel Lionel Messi, David Beckham oder Cristiano Ronaldo zu den Top-Fußballern der Welt geworden? Weil sie nach einem Trainingstag eben noch bis in die Nacht Freistöße geübt haben, während ihre Mannschaftskollegen schon längst beim Feierabendbier waren.

Viele werden jetzt gleich einwenden, dass Selbstdisziplin eine feine Sache ist, die einen aber auch nicht weiterbringen wird, wenn einem das nötige Talent fehlt. Wer nicht mit der Physis eines Cristiano Ronaldo, der Intelligenz eines Albert Einstein, dem Gehör eines Wolfgang Amadeus Mozart oder dem Aussehen von Claudia Schiffer auf die Welt gekommen ist, kann sich so sehr disziplinieren, wie er will, er wird dennoch keinen Erfolg haben. Natürlich macht ein besonderes Talent das Leben vielleicht leichter oder gibt schon mal eine bestimmte Richtung vor. Ich will nicht in Abrede stellen, dass in diesen Fällen der absoluten Spitzenleistung auch Talent eine große Rolle spielt, aber Vorbereitung, Ausdauer, Motivation und Durchhalte-vermögen sind mindestens genauso entscheidend, wie wir gleich zeigen werden. Und gerade, wenn wir eben nicht in der Champions League der Hochtalentierten spielen, son-dern vielleicht in der 1., 2. oder 3. Bundesliga, wird Disziplin zum entscheidenden Unterschied zwischen Erfolgreichen und Nicht-Erfolgreichen.

Dazu passt gut eine Geschichte aus dem Salzburg des 18. Jahrhunderts.

Was entscheidet: Talent, Willen und das Training?

Ganz Salzburg war aus dem Häuschen: Einen Sieben-jährigen, der nicht nur mit höchster Virtuosität Violine spielt, mehrere Tasteninstrumente beherrscht und jeden Ton exakt bestimmen kann, hatte man noch nicht gesehen. Ein echtes Wunderkind, dieser Wolfgang Amadeus Mozart, da waren sich alle einig. Wolfgang Amadeus Mozart ist eines der Paradebeispiele für Talent – also für das genetische Geschenk, das einigen wenigen Menschen mit auf den Lebensweg gegeben wird und das unglaubliche Leistungen ermöglicht.

Aber für den schwedischen Psychologen Anders Ericsson, der an der Florida-State-Universität lehrt, war Mozart kein Wunderkind. Für seine Fähigkeiten gebe es eine viel einfachere Erklärung, behauptet der Forscher seit Jahren: Stundenlanges Üben – und einen überaus ehrgeizigen Vater. Denn dieser war als Violinist und Komponist nur mäßig erfolgreich gewesen. Seine Kinder sollten es besser machen. Deswegen entwickelte er für seine Tochter Maria Anna und vor allem für seinen Sohn ein anspruchsvolles Programm. Wolfgang lernte bereits im Alter von vier Jahren Geige und Klavier. Als er sieben war, hatte er daher vermutlich bereits mehrere Tausend Übungsstunden hinter sich. Seine Fähigkeiten an der Violine und sein absolutes Gehör waren also nicht unbedingt ein Wunder. Wäre Mozart in einer anderen, unmusikalischen Familie aufgewachsen, hätte er diese Fähigkeiten vielleicht nie entwickelt.

Jetzt will ich mich auf keinen Fall mit Mozart vergleichen und auch nicht mit einem der oben angesprochenen Spitzenperformer, aber nach meinen Erfahrungen weiß ich, dass in der These des schwedischen Wissenschaftlers ein großer Teil Wahrheit steckt. Und ich führe meinen Erfolg zu einem wesentlichen Teil darauf zurück, dass ich irgendwann lernte, mich zu disziplinieren. Ich habe mich immer akribisch auf meine Aufgaben vorbereitet; wenn ich gesehen habe, dass ich etwas nicht richtig lösen konnte, habe ich es einfach weiterversucht. Mein Motto war: „Üben, üben, üben!" Das kostet natürlich Zeit, über zwanzig Jahre habe ich in der Woche sechzig bis siebzig Stunden gearbeitet. Bis um vier Uhr morgens saß ich im Büro und fing dann um acht Uhr mit dem nächsten Arbeitstag an. Das ist nicht jedermanns Sache, aber mir hat diese Art von Arbeitsleben immer Spaß gemacht.

Wer sein Leben unter Kontrolle hat, lebt zufriedener

Was ich nicht wusste, ist, dass die Verhaltensforschung schon längst herausgefunden hat, dass Disziplin noch eine weitere bedeutsame Folge zeitigt: Wir werden nicht nur besser in dem, was wir tun – Menschen, die sich unter Kontrolle bekommen, sind auch mit ihrem Leben wesentlich zufriedener als die meisten. Einfach formuliert: Wer sich beherrschen kann, ist nicht nur erfolgreicher, sondern auch glücklicher. Platon hatte also recht. Denn Intelligenz, Talent und Optimismus sind nur zum Teil für ein erfolgreiches und zufriedenes Leben verantwortlich. Viel wichtiger ist die Fähigkeit (und die Bereitschaft) zur Selbstdisziplin. Auf den ersten Blick scheint das dem Bild eines zwanglosen, glücklichen Daseins zu widersprechen. Aber eben nur auf den ersten Blick: Was Selbstbeherrschung zur Grundvoraussetzung für Zufriedenheit macht, hat eine amerikanische Studie vor Kurzem gezeigt.

Menschen, die sich die Dinge nicht gönnen, die doch angeblich so glücklich machen – ein zweites Stück Kuchen, eine Tafel Schokolade, eine Tüte Chips vor dem Fernseher – gelten gemeinhin als lust- und spaßfeindlich. Können diese Vertreter der Versagung und Selbstdisziplin überhaupt Freude in ihrem Leben empfinden? Es mag paradox klingen, aber: Ja, gerade dadurch, dass sie nicht ihren spontanen Lüsten nachgeben und sich nicht sofort alle Wünsche erfüllen, erleben sie Zufriedenheit. Wir werden allein schon glücklicher, indem wir es schaffen, den inneren Schweinehund zu überwinden. Und das macht Selbstdisziplin nach Ansicht eines Forscher-Teams von der University of Chicago zu einer der wichtigsten menschlichen Eigenschaften. Die Wissenschaftler verstehen unter diesem Begriff die Fähigkeit, nicht aus unmittelbaren inneren Impulsen heraus zu handeln, sondern diese zu ignorieren oder in eine andere Richtung zu lenken. Für ihre Studie forderten sie rund 200 Erwachsene auf, mehrmals in der Woche über Smartphones spontan ihre Gefühle zu schildern. Zudem sollten sie mitteilen, ob sie gerade ein Verlangen nach etwas verspürten und wie stark sie versuchten, diesem Verlangen zu widerstehen, oder ob sie am Ende nachgegeben haben. Das Ergebnis: Wer es schaffte, seine Wünsche aufzuschieben, bezeichnete sich als wesentlich glücklicher und zufriedener als der Teil der untersuchten Gruppe, die ihrem Verlangen sofort nachgegeben hatten.

Auf die Belohnung am Ende warten

Einer der beteiligten Forscher fasste das so zusammen: „Wir gehen immer davon aus, dass ein hohes Maß an Selbstdisziplin zu einem wenig freudvollen Leben führt. Dem ist aber nicht so. Unsere Untersuchungen haben ergeben, dass sehr kontrollierte Menschen generell zufriedener mit ihrem Leben sind. Zufriedenheit rührt nämlich gerade daher, dass man diszipliniert lebt. Selbstbeherrschung sorgt dafür, dass man im Job erfolgreicher ist, dass man bessere Beziehungen führt."

Diese Erfahrung habe auch ich gemacht. Je weniger ich spontanen Wünschen nachgab, umso größer war die Belohnung am Ende. Denn viele Dinge, die wir uns wünschen oder die wir wollen, tragen nicht zu unserem Glück und Wohlbefinden bei, sondern sorgen dafür, dass es uns schlechter geht. Ich liebte in meinen jungen Jahren Süßigkeiten und vor allem Schokolade, was am Ende dazu führte, dass meine Haut immer schlechter wurde und ich diverse Allergien entwickelte. Als ich das erkannte, beschloss ich, von einem Tag auf den anderen keine Süßigkeiten mehr zu essen. Klar kostete mich das viel Überwindung, aber am Ende hat mich das zufriedener und glücklicher gemacht, weil die Hautprobleme genauso verschwanden wie die Allergien.

Selbstbeherrschung sorgt auch dafür, dass man Konflikte und Stress vermeiden kann, indem man weniger Dinge tut oder bestimmte Handlungen unterlässt, derentwegen man sich hinterher schuldig fühlt. Klingt einleuchtend, werden Sie vielleicht sagen. Aber hier liegt genau für viele auch das Problem mit der Selbstdisziplin: Die meisten wissen, dass es besser wäre, die angebrochene Schokolade nicht aufzuessen oder vor dem Shoppingausflug erst einmal die Steuererklärung fertig zu bekommen. Wir sind uns immer darüber im Klaren, dass unser inkonsequentes Verhalten und das ewige Aufschieben von nervigen Aufgaben nicht unbedingt zum Wohlbefinden beiträgt. Und wir schaffen es trotzdem oft nicht, uns dementsprechend zu verhalten. Und manchmal höre ich dann: „Ich habe einfach kein Talent zur Selbstdisziplin." Aber so einfach wollen wir uns das nicht machen – wir haben ja ein großes Ziel vor Augen: Wir wollen erfolgreich *und* glücklich werden.

Selbstdisziplin kann man lernen und harte Arbeit lohnt sich

Das Gute an Selbstdisziplin ist: Wir können lernen, diszipliniert zu sein. Das geht nicht ohne Motivation und dauernde

Übung. Aber wir können, wie im Fitnessstudio die Muskeln, auch unsere Einstellung gezielt trainieren und verbessern. (Und genau dieses Trainingsprogramm werden wir im Laufe der einzelnen Kapitel vorstellen.)

Doch kehren wir noch einmal zu unserem schwedischen Professor und seinen Untersuchungen zu Spitzenleistungen zurück. Bereits 1994 veröffentlichte Anders Ericsson eine Studie, für die er jahrelang untersucht hatte, wie Spitzensportler und Weltklassemusiker so gut werden konnten. Er kam zu dem Schluss: Der Einfluss von Training ist weitaus größer als angenommen. Diese Studie fand erst einmal nur Aufmerksamkeit in Psychologenkreisen. Das änderte sich aber im Jahr 2008, als der kanadische Journalist Malcolm Gladwell sie in seinem Bestseller „Überflieger. Warum manche Menschen erfolgreich sind und andere nicht" erwähnte und daraus eine überaus griffige Formel ableitete: Wer es in einem Bereich zur Spitzenklasse bringen wolle, brauche dafür kein besonderes Talent – sondern nur die Bereitschaft, rund 10 000 Stunden zu trainieren. Mit acht Stunden pro Tag und fünf Tagen in der Woche dauert das fünf Jahre, ohne Urlaub zumindest. Kein leichtes Programm, aber machbar. Die Frage, was Erfolg ausmacht, schien durch Ericssons Forschungsergebnisse also endlich beantwortet: harte Arbeit und Disziplin.

Dass sich die 10 000-Stunden-Regel schnell verbreitete, ist verständlich. Denn ihre Botschaft macht Mut: Wer sich genug anstrengt, kann alles schaffen. Endlich schien jemand eine Formel für Erfolg gefunden zu haben, noch dazu verpackt in eine griffige Zahl.

Die Studie des Psychologen traf, wie sollte es in der Wissenschaft auch anders sein, auf regen Widerspruch. Es sollte nicht lange dauern, bis andere Studien belegten, dass Talent doch eine größere Rolle spielt als Fleiß, gerade wenn es um herausragende Leistungen als Sportler oder Schachweltmeister, Nobelpreisträger oder Spitzenmusiker geht. Wieder andere vermuteten, dass die „Hoffnung auf Erfolg" erst so richtig dazu motiviert, noch härter und intensiver zu trainieren als andere. Und in vielen Disziplinen sei der Konkurrenzdruck so hoch, dass es nur mit der Kombination aus Talent und Fleiß gehe. Und selbst das reicht oft nicht, man braucht eben auch das nötige Umfeld und das nötige Glück.

(Fast) alles lässt sich lernen

Anders Ericsson bleibt trotzdem bei seiner These: „Die Gehirnfunktionen, die Spitzenleistungen ermöglichen, sind das Ergebnis von Training – und nicht die Folge einer genetischen Programmierung", schreibt er in seinem Buch „Top. Die neue Wissenschaft vom bewussten Lernen." Und das gelte nicht nur im Sport oder in der Musik: „Egal, ob man besser Tennis spielen oder ein besserer Verkäufer werden will – das Mittel ist immer gleich: Üben." Ganz meine Meinung. Mit ausdauerndem, gezieltem Training, bei dem man direkt Feedback bekommt, kann man so gut wie alles lernen und sich immer wieder an neue Anforderungen anpassen.

Wenn ich mein Leben rückblickend betrachte, habe ich doch eine Reihe Dinge gelernt, ohne dass ich für sie ein besonderes Talent oder eine spezielle Neigung hatte. Es gelang mir, Italienisch zu lernen (obwohl ich ein schlechter Latein-Schüler war), Reden vor einer großen Zahl von

Menschen zu halten, Bilanzen zu analysieren und ein Unternehmen zu führen, ein großes Netzwerk zu pflegen und anspruchsvolle Controlling-Tools zu entwickeln. Nichts davon lag in meinen Genen. Erfolg hat auch nach meiner Erfahrung etwas mit sich anstrengen, Schwierigkeiten überwinden und Hindernisse beseitigen zu tun. Und all das lässt sich ohne Selbstdisziplin nicht bewältigen.

Über den Umgang mit Fehlern, Krisen und Scheitern

Selbstdisziplin ist also eine, vielleicht die notwendige Bedingung für Weiterentwicklung, für alle Arten des Lernens und Wachsens und am Ende das Erreichen unserer Ziele und somit von Erfolg und Glück. Ohne Disziplin wird einem Menschen nichts gelingen. Dennoch, auch wenn wir noch so viel Disziplin und Leistungsbereitschaft zeigen — auch dann ist nicht garantiert, dass wir irgendwann unsere Ziele erreichen oder uns unsere Wünsche erfüllen können. Das liegt in der Natur der Sache. Oder drücken wir es einmal philosophisch aus: So wie es die Nacht nur geben kann, wenn es den Tag gibt, der Begriff „positiv" nur bei der Existenz von „negativ" Sinn ergibt, kann ein Leben nur dann gelingen, wenn auch die Möglichkeit des Nicht-Gelingens besteht. Und diese Gefahr des Nicht-Gelingens wird uns unser ganzes Leben lang begleiten. Aber für das Scheitern müssen wir uns nie schämen. Erfolg ist ohne Misserfolg in der Regel nicht zu haben, Scheitern gehört immer dazu. Natürlich will niemand in seinem Leben scheitern; aber nur wenn man gar nichts macht, kann man den Misserfolg als Möglichkeit ausschließen, was aber zugleich den Erfolg verhindert. Wer keine Herausforderungen sucht und keine

Risiken eingeht, kann keinen Erfolg haben. Nur müssen die Herausforderungen zu uns passen. Wir können nicht untrainiert einen Marathon laufen oder einfach so den Mount Everest besteigen, wir avancieren nicht ohne Studium und viel Erfahrung zum CEO eines großen Unternehmens oder können ohne Risikobereitschaft ein Start-up gründen.

Gerade wenn wir kein Talent haben und uns eine spezielle Begabung nicht eine bestimmte Richtung weist, ist es von großer Bedeutung, einen für uns geeigneten Weg zu Glück und Erfolg zu entwerfen, einen Weg, der zu unserer Ausgangssituation passt. Dazu sollten wir nicht nur unsere Stärken und Schwächen genau kennen, wir brauchen auch so etwas wie eine Vision, ein Bild von uns in der Zukunft, das unserem Charakter und unseren Anlagen entspricht. Wir sollten uns dazu Klarheit über unsere Ziele und unsere Werte verschaffen. Dies ist keine Selbstverständlichkeit und wir werden uns dessen nur bewusst, wenn wir uns mit uns selbst auseinandersetzen und permanent nach Selbsterkenntnis streben, damit wir herausfinden, wer wir eigentlich sind und was wir wirklich genau wollen. Eine vage oder unrealistische Vorstellung unseres Glücks und davon, wie wir dorthin kommen, hilft uns nicht wirklich weiter. Ich will das einmal kurz am Beispiel meiner eigenen Person zeigen.

Warum wir eine Vision in unserem Leben brauchen

In der Schule, bei der Bundeswehr und in meinen ersten Jobs fühlte ich mich oft als Opfer. Fremdbestimmt und nicht in der Lage, das zu tun, was ich eigentlich wollte. Schuld waren immer die anderen, meine Eltern, meine Lehrer, meine Chefs. Mein Leben verlief nicht so, wie ich es eigentlich wollte. Aber wie sollte es denn sein? Ich wusste zwar ziemlich genau, wie es nicht sein sollte, aber nicht, was ich mir konkret erwartete. Aber diese Frage war der Startpunkt für meinen ganz persönlichen Weg zu Erfolg und Glück. Ich begann damit, mich mit meiner Persönlichkeit auseinanderzusetzen, mit meinen Zielen und Wünschen, mit meinen Entscheidungen und Handlungen, mit meinem Selbstbild und dem Bild, das andere von mir hatten. Ich begann mir darüber klarzuwerden, was mich geprägt hat und welche Werte ich besaß, was mir guttat und was mir schadete. Und mir wurde immer klarer, dass vor allem ich selbst an meiner Situation „schuld" war und somit auch die Chance hatte, daran Grundlegendes zu ändern. Das mag für manche banal klingen, aber mir sind im Laufe meines Lebens viele Menschen begegnet, die sich mit diesen Fragen nicht auseinandergesetzt haben. Menschen, die darüber klagen, dass sie sich nicht glücklich fühlen, ohne zu wissen, warum das so ist. Oder die jammern, dass sie keinen Erfolg haben oder nicht den richtigen Partner finden, und trotzdem nichts dafür tun, das zu ändern. Oder Menschen, die klagen, dass sie ohne Talent oder ererbtes Geld sowieso keine Chance haben. Wer nicht in eine depressive Stimmung dieser Art geraten will, die das letzte Fünkchen Motivation und Lebensfreude auslöscht, sollte zu Beginn also eine ehrliche Bestandsaufnahme machen und klären, was er wirklich will, wo er gerade steht und wo er irgendwann hinkommen möchte, und genau wissen, was seine Werte und seine Vorstellung vom Glück sind. Das ist keine Sache von ein paar Stunden oder Tagen. Um diese Fragen auf eine gründliche Art zu klären, braucht es oft Wochen, Monate und Jahre, und oft geht es nicht ohne die Unterstützung von Helfern in Gestalt von Beratern, Psychologen, Coaches und Trainern. Manchmal helfen auch Bücher weiter, aber eines muss immer gegeben sein: die eigene Bereitschaft, sich diesen Fragen zu stellen.

Ein realistisches Bild der eigenen Person und der Welt entwickeln

Auch bei mir war das ein Prozess von mehreren Jahren. Dabei habe ich von Beginn an sehr bewusst nach Menschen gesucht, die mir auf diesem Weg wichtige Anstöße gaben und mir halfen, die für mich notwendigen Entscheidungen zu treffen, die richtigen Ziele zu setzen und dann die geeigneten Handlungen durchzuführen, um diese Ziele zu erreichen. Ich entwickelte ein klares Bild meiner Person, wurde mir meiner Werte bewusst und konnte klar formulieren, was ich erreichen wollte. Ich konnte mich auf den Weg machen. Wer jetzt glaubt, dass ich mir ganz ausgefallene Ziele setzte oder besonders weit kommen wollte, den muss ich gleich enttäuschen: Ich hatte ganz durchschnittliche Ziele. Meine persönliche Vorstellung war folgende: *„Ich will ein guter Vater sein. Ich will ein guter Ehemann sein. Ich will eine gute Führungskraft werden. Ich will Erfolg haben und eine Tätigkeit, die mich fordert und mir Spaß macht."*

Schnell wurde mir klar, dass es mir aber nicht darum ging, einfach eines dieser Ziele zu erreichen, sondern dass für mich entscheidend war, dass ich alle diese Ziele gleichermaßen erreichte und dass der Weg dorthin auch mit meinen Werten übereinstimmte. So war es mir wichtig, auf meinem Weg zum Erfolg niemandem zu schaden und dass mein

Leben in Balance blieb, also nicht ein Ziel alle anderen dominierte. Nur wenn ich diese Ausgeglichenheit erreiche, kann ich glücklich und zufrieden sein. Die Werte, die ich gleich beschreiben werde, sind keine universellen Werte, es sind meine. Wahrscheinlich hat jeder der sieben Milliarden Menschen auf dieser Erde seinen ganz eigenen Wertekanon, dem er zu folgen versucht. Aber jeder Einzelne, der glücklich sein will, steht vor der gleichen Aufgabe: herauszufinden, wie seine Wertewelt aussieht. Dabei spielt es keine Rolle, ob es zwei, zwanzig oder zweihundert Werte sind – sie müssen nur „unsere" sein und zu uns passen.

Was ich für mein Glück brauche – meine Werte

Im Folgenden zähle ich meine Werte einmal kurz auf – nicht nur, um ein wenig von mir zu erzählen, sondern auch, um ein bisschen Inspiration zu geben. Dabei sind diese Werte erst einmal nicht geordnet. Es ist also kein Werte-Ranking – das, was am Anfang steht, ist nicht unbedingt das Wichtigste. Fangen wir an!

Für mich ist die *Pflege eines großen Freundeskreises* von großer Wichtigkeit, weil vertrauensvoller Austausch und das Teilen von Gemeinsamkeiten (das können auch ganz kleine Dinge sein, wie zum Beispiel miteinander Lachen und ein ähnliches Verständnis von Humor) für mich eine elementare Bedingung für mein Wohlbefinden sind. Und immer dabei habe ich eine Liste mit den Telefonnummern aller meiner Freunde und Bekannten, damit ich sie regelmäßig „abtelefonieren" kann. Zwar greife meistens ich zum Hörer oder Handy, aber das frustriert mich nicht. Denn es ist vollkommen egal, wer anruft. Wichtig ist nur, dass es einer macht, denn Freundschaften sollten aktiv gepflegt werden.

Die Bedeutung meines „Netzwerks" geht aber weit über reine Geselligkeit hinaus. Für mich ist es auch deshalb so wichtig, weil *Lernen* einer meiner zentralen Werte ist. Und gerade in der direkten Interaktion, mit Vorgesetzten, Inhabern und Mitarbeitern, Coaches, Beratern und Trainern habe ich extrem viel gelernt – nicht nur in beruflicher Hinsicht, sondern auch für das Leben. Lernen und Weiterbildung, um etwas Neues zu erfahren, sind für mich unverzichtbar. Jedes Mal, wenn ich in einem Job nichts mehr dazulernen oder mich weiterentwickeln konnte, habe ich gekündigt. Alles Leben muss wachsen.

Deshalb ist und bleibt *Neugier* für mich von entscheidender Bedeutung. Um weiterzukommen, braucht man, wie es heute so schön heißt, das richtige Mindset. Offen und interessiert sein, ist eine Bedingung für Erfolg. Ich wollte immer das Geschäftsmodell meines Unternehmens und der Branche verstehen, was nicht unbedingt typisch für einen Controller ist. Früher habe ich deswegen sehr heftig auf Menschen reagiert, die sich nicht weiterbilden wollten, weil mir das als ignorant erschien, eine Eigenschaft, die ich absolut nicht schätze. Heute tut es mir eher leid, wenn Menschen stehen bleiben, weil ihnen dann so viel verborgen bleibt. Was mir dabei noch wichtig ist: Mit jeder Veränderung, jeder Begegnung mit etwas Neuem lerne ich auch etwas über mich. Der Prozess der Selbsterkenntnis ist in unserem Leben nie abgeschlossen. Wir haben immer die Gelegenheit, neue Seiten an uns zu entdecken, selbst im hohen Alter.

Für mich ist *Arbeit* kein Vorgang, den ich erledigen muss, um damit Geld oder Macht oder sonst etwas zu erhalten. Mir macht Arbeit einfach Spaß. Und mehr Arbeit macht mir noch mehr Spaß. Viele behaupten: „Mehr als acht Stunden am Tag kann ich nicht konzentriert arbeiten." Ich sehe das ganz anders. Gerade das Überschreiten solcher selbst gesetzter Grenzen kann sehr erfüllend sein, einfach dadurch, dass man sich selbst beweist, dass man mehr leisten kann als man glaubt.

Auch der *Zustand meines Körpers und meiner Psyche* sind für mein Wohlbefinden von erheblicher Bedeutung. Und auch hier bin ich der Überzeugung, dass wir nicht Sklaven unserer Gene sind. Natürlich ist vieles angeboren, doch selbst ausgeprägte Schwächen lassen sich durch einen Mix aus richtiger Ernährung und Training ausgleichen oder kompensieren. Kraft, Beweglichkeit und Ausdauer können wir trainieren, ganz egal, ob man eher groß oder klein, zart oder robust, dick oder schlank ist. Schon seit der Antike weiß man um die Bedeutung der Gesundheit und der körperlichen Fitness für Zufriedenheit und eine stabile Psyche. „Mens sana in corpore sano" („ein gesunder Geist in einem gesunden Körper") lautet der Wahlspruch, der heute in Zeiten der Übererernährung und Bequemlichkeit mehr denn je Beachtung verdient.

Das soll nicht bedeuten, dass wir zu leistungsorientierten Asketen, die sich jeden Tag quälen, werden sollen. Alles, was man übertreibt, ist nicht gut, auch beim Training heißt es *Maßhalten.* Umgekehrt gilt das beim Essen ebenfalls: Auch hier ist für mich ein maßvolles Leben das Beste: Mit Tomate und Mozzarella als Vorspeise, einem Teller Penne arrabiata und einer Flasche Rotwein bin ich glücklich, aber hin und wieder kann man sich auch einen Genuss gönnen. Für mich sind das zum Beispiel Kaviar und Austern. Beides liebe ich, aber nicht jeden Tag.

Genießen können hat für mich auch etwas mit einem anderen meiner zentralen Werte zu tun: mit *Großzügigkeit*. Das bedeutet nicht nur, dass man immer wieder anderen eine Freude macht, sondern auch mit sich selbst nicht so streng umgeht. Dafür habe ich lange gebraucht – ich konnte mir lange keine Fehler verzeihen und war mit mir selbst kritischer als mit anderen. Heute weiß ich, dass es unmittelbar zur Zufriedenheit beiträgt, wenn man sich selbst und anderen Fehler schnell verzeihen kann. Früher habe ich mich darüber geärgert, wenn Mitarbeiter zu spät zur Arbeit gekommen sind, heute versuche ich die Gründe zu verstehen und sehe eher darüber hinweg. Wenn ich mich über Fehler oder falsches Verhalten aufrege, schade ich nur mir selbst. Eine positive Einstellung auch zu Dingen, die problematisch sind, dagegen motiviert und überträgt sich am Ende auch auf andere Menschen. Das funktioniert nur, wenn man in jeder Situation *emotionale Präsenz* zeigt. Ich versuche das konsequent zu beherzigen: Wenn ich mich mit meiner Frau oder meiner Tochter unterhalte, mache ich nichts anderes. Kein Handy, kein Blick auf den Computer usw. Ich fokussiere mich immer auf mein Gegenüber. Das ist nicht nur (aber auch) ein Zeichen von Respekt, ich interessiere mich einfach für Menschen. Ich habe bisher in jeder Frau und jedem Mann, die/den ich kennengelernt habe, etwas Wertvolles gefunden. Manchmal dauert das einige Zeit, aber in jedem steckt etwas, das es wert ist, entdeckt zu werden.

Wenn wir uns auf unser Gegenüber nicht einlassen, sondern stattdessen mit unseren Gedanken woanders sind oder Mails auf dem Smartphone checken, müssen wir uns nicht wundern, wenn der soziale Austausch nicht funktioniert. Gerade Eltern sollten da aufpassen, denn

Kinder merken sofort, wenn wir uns nicht aufmerksam mit ihnen beschäftigen.

Diese Aufmerksamkeit ist ein Geschenk. Mir bedeutet es viel, wenn ich anderen Menschen etwas geben kann. Damit meine ich nicht unbedingt materielle Geschenke, sondern genauso Zeit, Zuwendung oder Verständnis. Bedeutend ist dabei, *zu geben, ohne sich im Gegenzug etwas dafür zu erwarten.* Beschenken darf man natürlich auch sich selbst. Bei mir geht das ganz leicht. Ich liebe Malerei und Musik, ich liebe es, Opern oder Jazz zu hören. Ein Leben ohne Konzerte, Museen und Ausstellungen wäre für mich nicht denkbar. Und dann reise ich leidenschaftlich gern – gleichgültig, ob es nach Österreich oder Italien, Russland oder China geht. Und auf einigen *Reisen* gelang es mir sogar, Dinge, die mir wichtig sind, optimal miteinander zu verbinden. So habe ich mir in Rom und in Peking Begleit-Jogger engagiert, die mich über die wichtigsten Sehenswürdigkeiten und deren Geschichte aufklärten. Aber ich liebe es genauso, einfach Natur zu genießen, wie zum Beispiel Komodo-Warane in Indonesien zu beobachten und vor Key West zu segeln oder mich der pulsierenden Atmosphäre von Städten wie New York oder Moskau auszusetzen.

Dass ich mir diese Träume erfüllen konnte (und kann), dafür bin ich zutiefst dankbar. Ich hatte damit nicht gerechnet. Und diese Dankbarkeit ist für mich eine fast unerschöpfliche Quelle für Gefühle des Glücks. Diese *Dankbarkeit* kann man fast überall und jederzeit erleben. Dafür kann man etwa ein „Tagebuch der guten Stunden" führen, in dem täglich alles notiert wird, was gut war. Oder man schreibt auf, was man sich für den Rest des Tages wünscht. Und jedes Mal, wenn man dieses Tagebuch liest, wird einem bewusst, dass

Glück nicht nur durch große Momente oder Erlebnisse entsteht, sondern vor allem auch im Kleinen. Gelingt es in den kleinen Momenten, Dankbarkeit zu spüren, hat man schon einen großen Schritt getan. Machen Sie doch einmal eine kleine Übung: Schreiben Sie einmal fünfzig Dinge auf, für die Sie gerade dankbar sind. Sie werden sehen, es gibt unendlich viele Dinge, die gut sind in Ihrem Leben. Sie müssen nur die Augen öffnen.

Diese Aufzählung soll für den Moment genügen. Nur einen Punkt will ich noch erwähnen, bevor wir in unser Glücksprogramm starten. Alle diese einzelnen Glücksfaktoren müssen bei mir gut ausbalanciert sein – für mich ist *Ausgeglichenheit* das übergeordnete Ziel, meine Vision. Ich will Zeit für meine Freunde, für meine Familie, für mich *und* für meine Arbeit haben, ich fühle mich nur dann richtig wohl, wenn alle meine Werte gleichermaßen zum Tragen kommen. Größerer Erfolg oder mehr sozialer Austausch können ein Defizit an Fitness oder Gesundheit nicht kompensieren. Um restlos glücklich zu sein, muss die Gesamtwetterlage stimmen. Das heißt nicht, dass alles jeden Tag und jede Woche im Gleichgewicht sein muss. Manchmal arbeitet man einen Monat oder vielleicht sogar ein ganzes Jahr an einem Projekt, was alles andere in den Hintergrund treten lässt. Das ist okay, aber langfristig sollte kein Teil zu kurz kommen.

Jetzt werden Sie sich wahrscheinlich fragen, wie Sie das selbst erreichen können (auch wenn Ihre Werte oder Ziele vielleicht ganz andere sind als meine). Zwei Punkte haben wir ja bereits angesprochen: Die Notwendigkeit von Disziplin und einer realistischen Vision. Wie Sie diese entwickeln und was

Sie sonst noch brauchen auf der Reise ins Glück, folgt jetzt. Aber eines schon mal vorweg: Die Verantwortung für Ihr Glück liegt nur bei einem Menschen: bei Ihnen. Und um dies zu erreichen, müssen Sie nur eins werden: ein Egoist. Aber verstehen Sie das bitte nicht falsch. Es geht darum, *gesunden Egoismus* zu entwickeln. Denn nur mit diesem können Sie alle die Ziele in Ihrem Leben erreichen. Dazu brauchen Sie den Mut und den Willen zur Selbstverantwortung. Ziele im Leben zu erreichen, wird gemeinhin auch als Erfolg bezeichnet.

Und die meisten Menschen, die ich kenne, wollen erfolgreich sein. Weil sie glauben, dass Erfolg die Vorbedingung für Glück ist. So weit, so gut. Das Problem dabei ist: Alle, die keine Vision formuliert haben und ihre Werte nicht genau kennen, haben eine eher unklare Vorstellung von dem, was Erfolg für sie bedeutet und was sie eigentlich genau erreichen wollen. Sie folgen oft Zielen, die andere oder die Gesellschaft ihnen vorgegeben haben. Das führt auch dazu, dass sie unter Erfolg vor allem beruflichen Erfolg verstehen, und darunter oft nur Aufstieg, höheren gesellschaftlichen Status und materielle Belohnungen. Sie suchen sich einen Job, der möglichst viel Geld verspricht, und versuchen Karriere zu machen. Was am Ende dieses Weges liegt und ob sich die Anstrengung auf dem Weg dorthin überhaupt lohnt, machen sich viele erst einmal nicht bewusst. So kämpfen sie sich jahrelang nach oben, beißen sich regelrecht durch, um dann irgendwann die Früchte dieser Anstrengungen zu ernten. Oder festzustellen, dass das gar nicht das ist, was sie in Wirklichkeit erreichen wollten.

Für mich sieht das immer etwas wie verlorene Lebenszeit aus. Denn stellen Sie sich doch einmal die Länge dieses Weges vor: Zwanzig Jahre unglücklich arbeiten, um endlich an der Spitze zu stehen? Und was ist, wenn Sie dieses Ziel vielleicht gar nicht erreichen? Haben Sie dann ganz umsonst gelebt? Ich bin heute mehr denn je davon überzeugt: Für unsere Zufriedenheit sind Freude am Tun, Spaß bei der Arbeit und das Gefühl zu haben, dass unsere Tätigkeit Sinn hat, von äußerster Wichtigkeit. Aber ich will das nicht romantisieren. Ich weiß, dass die Arbeitswelt nicht allen und zu jeder Zeit diese Möglichkeiten bieten kann. Vielleicht ist daher der umgekehrte Weg sogar noch erfolgversprechender: Einfach damit aufzuhören, verbissen zu kämpfen. Ernsthaft und konzentriert arbeiten, sich gut vorbereiten und immer weiter zu lernen und zu üben, okay, das ist unerlässlich. Aber genauso wichtig ist es, das mit Begeisterung und auch einer gewissen Leichtigkeit zu machen. Bei mir stellte sich der (berufliche) Erfolg erst ein, als ich anfing, Dinge leichter zu nehmen und vor allem mit einer positiven Einstellung an meine Aufgaben zu gehen. Versuchen wir einfach, unsere Arbeit zu unserer Leidenschaft zu machen! Nach meiner Erfahrung ist es wichtiger, als zu tun, was man liebt, dass wir lernen, zu lieben, was wir tun. Dann stellt sich der Erfolg automatisch ein.

Was bedeutet Erfolg für Sie?

Für mich ist Erfolg sehr vielschichtig. Erfolg war für mich als Controller, wenn ich ein Monatsreporting weiterentwickelte, als Geschäftsführer, wenn ich den Umsatz und Gewinn meines Unternehmens vervielfachte. Noch heute sehe ich es als Erfolg an, wenn mein Depot steigt. Aber Erfolg beschränkt sich natürlich nicht auf messbare Größen.

Erfolg ist für mich auch, wenn ich es schaffe, beim Tennis gegen einen guten Gegner zu gewinnen, oder wenn ich beim Laufen oder Schwimmen eine Zeit erreiche, die ich mir vorgenommen habe. Als Erfolg sehe ich auch, wenn ich mit meinen Freunden gute Gespräche führe.

Was als Erfolg wahrgenommen wird, ist zwar immer zu einem Teil gesellschaftlich geprägt, letztlich basiert es aber auf unseren eigenen Maßstäben und Definitionen – nicht auf den Erwartungen und Werten unseres Umfelds. Deshalb ist es wichtig, zu Beginn erst einmal eine eigene Erfolgsdefinition zu entwickeln.

Bezeichnen Sie sich als erfolgreich? Was muss passieren, damit Sie sich erfolgreich fühlen? Was ist Erfolg für Sie?

Sie können das nicht einfach beantworten? Dann lassen Sie uns eine praktische Übung machen.

Nehmen Sie ein Blatt Papier und einen Stift und ein wenig Zeit und rufen Sie sich alle die Situationen, privat und beruflich, ins Gedächtnis, die Sie bisher als Erfolge verbucht haben.

☑ Formulieren Sie so präzise wie möglich Ihre aktuelle Erfolgsdefinition und schreiben Sie sie auf.

☑ Notieren Sie sich die Gemeinsamkeiten der Erfolgssituationen und was genau für Sie den Erfolg ausgemacht hat.

☑ Vergleichen Sie dann Ihre Definition und die Gemeinsamkeiten Ihrer bisherigen Erfolge.

Formulieren Sie dann in drei bis fünf Sätzen, was Erfolg für Sie ausmacht.

Hören Sie in sich hinein, ob Sie mit dieser Formulierung zufrieden sind. Verändern Sie die Definition so lange, bis sie sich für Sie stimmig anfühlt.

Vielleicht erkennen Sie gleich, dass das, was Sie als Erfolg bezeichnen, bestimmte Gründe hatte, die in Ihrer Person liegen. Das können Ideenreichtum oder Kreativität genauso wie Ausdauer und Durchhaltevermögen sein, vielleicht waren es auch Kommunikationsfähigkeit oder spezialisiertes Know-how, Führungsstärke oder Mitarbeitermotivation, Charme oder Einsatzbereitschaft. Was auch immer.

Schauen Sie sich diese Eigenschaften, Fähigkeiten und Mittel noch einmal genau an. Haben Sie das Maximum schon erreicht? Oder lassen Sie sich unter dem Motto „Stärken stärken" weiter trainieren, ausbauen und weiterentwickeln? Vergleichen Sie sich ruhig auch einmal mit bekannten oder weniger bekannten „Erfolgsmenschen": Welche Eigenschaften hatten oder haben denn so unterschiedliche Menschen wie Bill Gates und Elon Musk, Lady Gaga und Angelina Jolie, Karl Lagerfeld und Coco Chanel, Albert Einstein und Steve Jobs, die sie einzigartig machen?

Zuversichtlich sein – denn Erfolg ist Einstellungssache

Wenn wir akzeptieren, dass der Schlüssel für unseren Erfolg in uns liegt, dann ist die einzige Person, die dem eigenen

Erfolg im Weg steht, auch die, welche wir im Spiegel sehen. Kein anderer Mensch kann uns Erfolg bescheren und niemand ist schuld daran, wenn wir diesen Erfolg nicht haben. Allein dadurch, dass wir glauben, wir selbst können den eigenen Erfolg massiv beeinflussen und gestalten, schaffen wir die Basis für unseren Erfolg. Das heißt: Es gibt keine Ausreden mehr. Schuld sind nicht die anderen oder die Umstände. Krisen, Rückschläge und Scheitern sind nicht das Ende, sondern eine vorübergehende Erscheinung, die gute Chancen eröffnet, uns weiterzuentwickeln. Denn das müssen wir immer: Lernen und wachsen. Aber wenn ich auch immer wieder von „müssen" rede: „Müssen" müssen wir natürlich nichts – außer trinken und aufs Klo gehen. Was wir oft vergessen, ist, dass wir in unseren Entscheidungen frei sind. Niemand zwingt uns, bestimmte Wege einzuschlagen oder immer an der gleichen Richtung festzuhalten.

Wir sind auch frei in einer anderen Hinsicht: Wir können beeinflussen, wie wir die Welt sehen, ob wir unser Augenmerk eher auf die positiven oder die negativen Seiten des Lebens richten. Es macht einen entscheidenden Unterschied, ob wir uns damit beschäftigen, was alles gut läuft, oder wir permanent darüber nachdenken, was alles in unserem Leben nicht stimmt. Leider haben viele Menschen einen komplett negativen Bias: Am Ende des Arbeitstags konzentrieren sie sich darauf, was alles schiefgelaufen ist: der verpasste Auftrag, das unbefriedigende Mitarbeitergespräch oder die Idee, die abgelehnt wurde. Sinnvoller wäre es, sich eben nicht darüber zu ärgern, sondern herauszufinden, wie man es das nächste Mal besser macht: Was kann ich machen, damit ich besser akquiriere, besser kommuniziere oder kreativer, innovativer und überzeugender werde? Dabei werden auch gern die Erfolge übersehen: Tage, an denen alles glatt läuft, sind eben nur *normale* Tage. Als sei alles selbstverständlich. Ein Fehler: Denn auch kleine Erfolge sind Erfolge – und ein weiterer Schritt auf das eigene Ziel zu.

Keine Karriere läuft glatt, kein Lebensweg ohne Höhen und Tiefen. Rückschläge und Niederlagen gehören dazu. Alle erfolgreichen Menschen haben früher oder später mit Zweifeln und Ängsten zu kämpfen. Der Unterschied zwischen Erfolg oder Misserfolg liegt darin, wie Sie mit diesen Zweifeln umgehen. Lassen Sie sich von ihnen lähmen und ausbremsen, rückt der Erfolg in weite Ferne. Gehen Sie Zweifel jedoch aktiv an und nutzen Sie sie mit einer Jetzt-erst-recht-Haltung als Motivation, kommen Sie dem Erfolg deutlich näher. Das Leben ist kein Kurzstreckenlauf – auch wenn der Start holprig sein sollte. Viel wichtiger ist es, wo wir am Ende des Rennens stehen.

Ich habe in meinem Leben mehr als eine Niederlage hinnehmen müssen. Das fing mit dem Abitur an, durch das ich das erste Mal gefallen bin. Auch die ersten beruflichen Stationen waren alles andere als erfolgreich, und auch später gab es immer wieder mal Rückschläge, weil man die falschen Entscheidungen traf oder sich auf Menschen verließ, die dieses Vertrauen nicht verdienten. Wenn ich heute zurückblicke, haben aber auch diese Ereignisse zu meinem heutigen Glück beigetragen. Es hat aber eine Zeit gedauert, bis ich das so sehen konnte. Erst nachdem ich mich intensiv mit mir selbst beschäftigt hatte, konnte ich erkennen, dass diese vermeintlichen Rückschläge auch Schritte in die richtige Richtung waren. Mit jeder Krise, die ich meisterte, fand ich mehr Selbstvertrauen, um weitere Grenzen zu überschreiten. Ein bisschen ist es wie beim Sprung ins kalte

Wasser: Man steigert sich langsam vom Einmeterbrett über das Drei- zum Zehnmeterbrett. Aber nur dann, wenn man auch daran glaubt, dass man es schafft.

Mein persönlicher Erfolgs-Mix

Daran zu glauben, dass man es schafft, ist richtig und gut, reicht aber leider nicht ganz aus. Auch in anderer Hinsicht ist es von Vorteil, an der eigenen Einstellung zu arbeiten. Sollte ich fünf entscheidende Einstellungsveränderungen bestimmen, wären es:

1. Fürchte nicht den Wandel – liebe die Veränderung!
2. Nicht grübeln – denke präzise und handle schnell!
3. Mach dir weniger Sorgen – habe Mut und riskiere etwas!
4. Bleibe nicht stehen – sondern entwickle dich immer weiter!
5. Konzentriere dich nicht nur auf dich selbst – sondern achte auf die Menschen in deiner Umgebung!

Diese fünf Punkte waren für meinen Erfolg entscheidend, wie ich im Anschluss gleich zeigen werde. Sie haben meine Zeit bei Marc O'Polo und meine Art der Unternehmensführung geprägt. Und sie sind auch Teil meiner Führungsphilosophie geworden.

1. Fürchte nicht den Wandel – liebe die Veränderung!

Wie heißt es so schön: „Die einzige Konstante ist die Veränderung." Manche Menschen werden allerdings allein, wenn sie diesen Satz hören, schon nervös. Sie sehen Veränderung als eine Gefahr und wünschen sich, dass alles so bleibt, wie es ist. Manchmal ist es gerade das, was ein erfolgreiches Unternehmen von einem gescheiterten unterscheidet. Ein Beispiel? Mitte der 1950er-Jahre gab es in Deutschland drei große Versandunternehmen: Otto, Quelle und Neckermann. Alle drei besaßen eine große Fangemeinde: Gemütlich zusammensitzen, im Katalog blättern und sich in der Runde neu einkleiden oder die Wohnung neu einrichten – das traf den Nerv der Zeit. Der Markt war verteilt. Doch dann kam das Internet und mit ihm der Online-Versandhandel. Amazon und später Alibaba wurden die neuen Platzhirsche in der Handelswelt. Quelle ging pleite. Doch Otto erfand sich neu, wurde zur Otto Group und zu einem der größten Online-Händler hinter Amazon.

Was können wir daraus lernen? Veränderungen lassen sich nicht aussitzen, leugnen oder verdrängen. Ganz im Gegenteil: Nur wenn wir neue Entwicklungen schnell akzeptieren und uns mit ihnen auseinandersetzen, haben wir immer eine Chance auf Erfolg. Wir brauchen dazu gute Sensoren und die Bereitschaft, immer wieder neu zu denken und uns auf unerwartete Entwicklungen einzulassen.

Als ich bei Marc O'Polo einstieg, war die Veränderung in der Modewelt bereits in vollem Gange und Marc O'Polo zwar in einer komfortablen, aber auch nicht risikolosen

Situation. Ich stellte mir von Beginn an die Frage: „Wie können wir von den Veränderungen profitieren und welche Veränderungen können wir selbst anstoßen, um noch erfolgreicher zu werden? Daraufhin haben meine Kollegen und ich das Unternehmen zu einem chancenorientierten Unternehmen hin umgebaut. Wir haben, könnte man sagen, die Einstellung des Unternehmens geändert. Wir haben investiert und eine Fülle von Maßnahmen auf den Weg gebracht. Wir haben in die Kollektionen investiert, unseren Vertrieb geschult, der Marke neue Strahlkraft verliehen, unsere Stärke des „Shop-in-Store"-Konzepts weiter ausgebaut usw. Und am Ende haben wir den Umsatz verdreifacht und den Gewinn vervielfacht.

2. Nicht grübeln – denke präzise und handle dann schnell!

Einer der größten Fehler, den man in seinem Leben machen kann, ist es, zu jammern, zu grübeln und zu keinen Entscheidungen zu kommen. Ein noch größerer Fehler ist es, Entscheidungen keine Taten folgen zu lassen. Erfolgreiche Menschen besitzen eine Macher-Mentalität. Sie sitzen nicht nur zu Hause rum und warten darauf, dass das Glück eines Tages an ihre Tür klopft. Sie ziehen los, um sich das zu holen, wovon sie träumen. Und erfolgreiche Menschen lassen den Kopf nicht hängen, egal, was passiert. Ein Beispiel: 1914 brannte das Labor von Thomas Edison ab und zerstörte seine jahrelange Arbeit. Doch statt seinen Werken nachzutrauern, sah er das Ereignis als einmalige Chance, um zu neuen Ufern aufzubrechen und mit einem frischen Geist seine Arbeit von Neuem zu beginnen. Prompt machte er zahlreiche Erfindungen. Erfolgreiche Menschen sind Stehaufmännchen, die an sich selbst und ihre Ziele glauben.

Klar setzt man hin und wieder etwas in den Sand und natürlich sind Entscheidungen immer mit Risiko behaftet. Aber mir war immer klar: Wenn ich etwas möchte, muss ich dafür etwas tun. Niemand anderes wird mir den Wunsch erfüllen. In diesem Sinne habe ich wahrscheinlich einfach Glück gehabt. Ich habe nie lange über Entscheidungen gebrütet. Meine Intuition und zielorientiertes Nachdenken haben mir eigentlich immer sehr schnell die Richtung gezeigt, und dann habe ich nicht lange gezögert. Schnelles Entscheiden und schnelles Umsetzen erfordern natürlich vor allem: Mut.

3. Mach dir weniger Sorgen – habe Mut und riskiere etwas!

Erfolgreiche Menschen treffen öfter mal Entscheidungen, bei denen so manche Mutter wahrscheinlich die Hände über dem Kopf zusammengeschlagen hat. Michael Dell ist so jemand. Er wurde von seinen Eltern zu einem Medizinstudium gedrängt. Doch er verkaufte lieber Computer. 1984 brach er sein Studium ab und gründete aus dem Nichts heraus eine Firma. Heute gehört Dell zu den weltweit größten PC-Händlern. Gut, das ist sicher ein extremes Beispiel oder nicht jedermanns Sache. Aber wir alle müssen auf unserem Weg eine Reihe Risiken eingehen. Es geht gar nicht anders – auch keine Entscheidung zu treffen ist eine Entscheidung, und auch wenn man nichts tut, geht man damit ein Risiko ein. Ich hatte immer Spaß daran, etwas zu riskieren. Das fing schon in der Schule an – ich habe mich ganz allein auf den Weg nach England gemacht, um dort eine Sprachschule zu besuchen, später habe ich Jobs von einem auf den anderen Tag gekündigt, wenn ich merkte, dass ich nichts oder nur noch wenig dazulernen konnte. Und ich habe mich hoch verschuldet, um Anteile an Marc O'Polo zu kaufen. Keinen dieser Schritte habe ich jemals bedauert. Viel häufiger habe ich bedauert, dass ich bestimmte Dinge nicht gemacht habe. Ich wäre zum Beispiel sehr gern in die USA gegangen, als ich in der 11. Klasse war – aber ich habe mich einfach nicht getraut, es zu tun. Darüber denke ich heute manchmal noch nach.

Auch das permanente Infragestellen seiner Person und die Konfrontation mit dem eigenen Ich erfordert Mut. Viele haben nicht den Nerv, in den Spiegel zu sehen, und sich zu fragen: Wer bin ich wirklich und was will ich? Und was muss ich an mir verändern, um es zu bekommen?

4. Bleibe nicht stehen – sondern entwickle dich immer weiter!

„Man sollte vor allem in sich selbst investieren. Das ist die einzige Investition, die sich tausendfach auszahlt", sagt zum Beispiel der Unternehmer und Milliardär Warren Buffett. Eine wichtige Botschaft, denn erfolgreiche Menschen glauben zwar an ihre Fähigkeiten – sie arbeiten aber parallel immer auch an deren Ausbau und sind motiviert, immer besser in dem zu werden, in dem sie bereits gut sind. Als mir das klar wurde, habe ich nicht nur eine Menge Fachliteratur gelesen, sondern eine Vielzahl Seminare zur Persönlichkeitsentwicklung besucht, mich über lange Jahre coachen lassen und auch diverse Berater engagiert. Wir alle können so sehr vom Wissen und der Erfahrung anderer Menschen profitieren. Niemand, so gut er auch sein mag, kann alles und weiß alles. Deswegen heißt es auch hier: bescheiden sein, das Wissen anderer Menschen wertschätzen, immer wieder neue Kontakte knüpfen und alte erhalten.

5. Konzentriere dich nicht nur auf dich selbst – sondern achte auf die Menschen in deiner Umgebung!

Erfolgreiche Menschen sind meistens gute Netzwerker. Sie knüpfen gern neue Kontakte und suchen sich einflussreiche und inspirierende Freunde. Das kann ich nur unterstreichen. Es sind die Begegnungen mit anderen Menschen, die einen weiterbringen, aber es geht nicht nur darum, immer wieder oberflächliche neue Kontakte zu knüpfen oder möglichst viele Verbindungen über Netzwerke wie LinkedIn zu suchen. Es geht darum, sich über die Jahre ein stabiles Geflecht sozialer Beziehungen zu schaffen. Denn der Wert sozialer Kontakte liegt auch in der Dauer. Es braucht einige Zeit, bis man anderen vertrauen kann (oder diese einem vertrauen). Und das ist dann der Punkt, an dem diese Verbindungen zu anderen Menschen unendlich wertvoll werden. Diese Kontakte aufrechtzuerhalten, erfordert Zeit und Engagement. Aber pflegen wir unsere Freundschaften nicht, verlieren wir viele Menschen, die für uns wertvoll sein könnten, aus den Augen. Deswegen führe ich immer die schon angesprochene Liste mit meinen Freunden und Bekannten mit mir. Und deswegen habe ich heute auch noch wunderbare Erlebnisse mit Menschen, die ich vielleicht einmal vor Jahren auf einer Messe oder in einem anderen Zusammenhang kennengelernt habe. Das habe ich auch in der Zeit der Corona-Pandemie versucht aufrechtzuerhalten. Denn das geht ganz wunderbar auch virtuell. Dazu reicht schon, sich hin und wieder auf ein digitales Afterwork-Bier mit Bekannten und Geschäftspartnern zu treffen. Jeder hatte seinen Laptop auf dem Schoß und dazu ein Glas Bier oder Wein in der Hand – das hat wunderbar funktioniert. In einem Fall hat es sogar bis 23 Uhr gedauert.

Exkurs: Was meine Erfolgsprinzipien mit Führung zu tun haben

Als ich in der Modeindustrie startete, merkte ich schnell, dass dort nicht allzuviel Wert auf Theorie gelegt wurde. Konsequentes Controlling, strategische Unternehmensführung, Mitarbeiterorientierung – meistens Fehlanzeige. Wenn man sich in bestimmten betriebswirtschaftlichen Fragen etwas auskannte, war man gleich richtig gut. Mit Know-how und Technik konnte ich also von Beginn an punkten, an Vision und Führungsstärke musste ich – das wurde mir schnell klar – noch arbeiten. Aber dazu gleich. Viele Instrumente und Managementtheorien, die für mich als selbstverständlich galten, waren bei vielen Unternehmen, für die ich arbeitete, noch gar nicht angekommen.

Zum Teil galt das auch für Marc O'Polo. Die Veränderungen in Handel und Modeindustrie stellten das Unternehmen vor große Herausforderungen. Solche großen Herausforderungen können aber nur bewältigt werden, wenn die entsprechenden Maßnahmen auf jeder Ebene des Unternehmens mitgetragen und mitvorangetrieben werden, was immer auch persönliche Verhaltensänderungen erfordert. Sonst wird der Change-Prozess nicht gelingen. Damit haben Führungskräfte allein schon durch ihre Haltung und ihr Verhalten einen entscheidenden Einfluss als Vorbilder. Im Klartext: Sollen Veränderungen gelingen, müssen die Manager an der Spitze erst einmal ihr eigenes Verhalten ändern. Ich würde sogar so weit gehen zu sagen: Der wichtigste Stellhebel für das Gelingen von Veränderung ist die Art, wie Führungskräfte die gewünschten oder erforderlichen Veränderungen verkörpern, vorleben und fördern, wie sie kommunizieren und agieren. Es ist sinnlos, von Mitarbeitern Dinge zu erwarten, die man selbst nicht leistet.

In dieser Hinsicht (und in vielen anderen Fragen) war Werner Böck, der Eigentümer von Marc O'Polo, für mich ein großes Vorbild. Es war nicht nur sein Stilempfinden und sein Gespür für Mode, sondern auch sein Geschäftssinn und vor allem seine Art, das Unternehmen zu führen, die mich sehr beeindruckt haben, und der Grund dafür, dass ich ihn immer als Ratgeber gesucht habe. Abwarten, ruhig bleiben, den Bauch konsultieren – Werner Böck lebt äußerst erfolgreich vor, wie Bauch und Verstand zusammenarbeiten.

Überkommene Führungsprinzipien verhindern den Wandel

Viele Unternehmen werden nach den Prinzipien der „transaktionalen Führung" geleitet. Was bedeutet das? Transaktionale Führung basiert auf dem Prinzip „Nehmen und Geben". Führungskräfte, die so führen, glauben, dass Mitarbeiter durch Belohnen und Bestrafen motiviert werden können und ihr Verhalten somit vorhersehbar ist. Diese Führung wird über hierarchische Strukturen und klare Weisungsketten ausgeführt. Der Mitarbeiter hat die Aufgabe, das zu tun, was ihm von der Führungskraft gesagt wird. Ziele, Strukturen und Kultur der Organisation sind relativ starr. Die transaktionale Führungskraft konzentriert sich auf kurzfristige Zahlenziele, Entscheidungen von „oben", internen Wettbewerb und die Kontrolle der Zielerreichung.

Diese Art der Führung entspricht nicht meiner Vorstellung von erfolgreicher Führung, da sie meiner Meinung nach nicht dazu geeignet ist, Veränderungen zu bewältigen, geschweige denn sie anzustoßen. Ich habe für mich einen anderen Ansatz gewählt, für den der Begriff „transformationale Führung" geprägt worden ist. Bei der transformationalen Führung steht die Vision im Mittelpunkt. Führungskräfte, die sich dieses Prinzip zu eigen gemacht haben, sind dynamisch, enthusiastisch und leidenschaftlich, sie überzeugen mit Persönlichkeit und der Kraft ihrer Vision. Sie stellen nicht Ziele und Prozesse in den Mittelpunkt, sondern den Menschen, und sind bestrebt, ihre Mitarbeiter erfolgreich zu machen. Dies führt dazu, dass auf allen Ebenen Respekt, Loyalität und Vertrauen und auf diesem Weg ein höheres

Engagement entstehen. Führungskräfte und Mitarbeiter motivieren und fordern sich gegenseitig. Dies erzeugt eine positive Spirale, die Menschen wie Organisationen ermöglicht, Veränderungen zu meistern.

Was macht einen transformationalen Manager aus?

Eine Führungskraft, die nach diesen Prinzipien handelt, schafft zuallererst Identifikation durch Vorbildverhalten. Zudem spricht sie Mitarbeiter auf einer emotionalen Ebene an und baut zusätzlich Vertrauen auf, weil sie glaubwürdig und integer handelt, sich als Teamplayer verhält und Bescheidenheit im täglichen Handeln zeigt. Das bedeutet nicht, dass permanent Harmonie erzeugt wird – ganz im Gegenteil. Oberflächliches und unangepasstes Verhalten wird registriert, angesprochen und auf „Wiedervorlage" gesetzt – nur so kommt nachhaltige Führung zustande. Nur so zeigt sich wahres Interesse am Mitarbeiter als Mensch.

Zum anderen ist die Führungskraft in der Lage, zu inspirieren und zu motivieren, indem sie eine attraktive und inspirierende Vision formuliert, in der Lage ist, Sinn zu vermitteln, Wertschätzung für alle Beiträge der Mitarbeiter zeigt, Kreativität und unabhängiges Denken fördert. Dieses individuelle Eingehen auf den Mitarbeiter und die Berücksichtigung der Motive und Gefühle fördert die intrinsische Motivation und ermutigt zu neuen Ideen. Die Wertschätzung seitens der Führungskraft ermutigt dabei auch den Mitarbeiter, Risiken einzugehen. Dies funktioniert nur, wenn im Unternehmen eine hohe Fehlertoleranz herrscht und auch regelmäßig in die Entwicklung der Mitarbeiter investiert wird.

Führungskräfte, die so vorgehen, motivieren ihre Mitarbeiter, sich über den Rahmen von Geben und Nehmen hinaus zu engagieren. Das stellt selbstverständlich auch höhere Anforderungen an die Führungskraft. Sie sollte über Visionskraft, hohe rhetorische Fähigkeiten und Führungsstärke verfügen, um starke emotionale Beziehungen zu ihren Mitarbeitern zu entwickeln. Denn schließlich motivieren Führungskräfte ihre Mitarbeiter, für Ziele zu arbeiten, die über ihr Eigeninteresse hinausgehen.

Transformationale Führung beginnt also mit einem ausgeprägten Bewusstsein für eigene Gedanken und Gefühle sowie Klarheit darüber, wie diese unsere Handlungen und damit die Verfassung anderer beeinflussen. Steigt diese Bewusstheit an, verstehen wir unsere Werte, Motive und Antreiber besser, und im gleichen Zug steigt unser Bewusstsein für die Gedanken, Gefühle und Handlungen anderer Menschen. Damit sind wir in der Lage, Handlungen zu wählen, die den Erfordernissen der Situation und der Menschen um uns herum entsprechen.

Die 3 Ms: Menschen, Marke und Management – was mir bei Marc O'Polo wichtig war

Mir wurde mit den Jahren klar, dass die wichtigsten Stellen, an denen meine Handlungen ansetzen sollten, die Mitarbeiter, die Marke und das Management waren.

Unter dem Motto „fordern und fördern" und „Stärken stärken" stellte ich die Mitarbeiter in das Zentrum meiner

Überlegungen. Regelmäßig wurde in Befragungen die Mitarbeiterzufriedenheit abgefragt, darauffolgend Aus- und Weiterbildungsangebote formuliert und auch die Unterstützung der Persönlichkeitsentwicklung über Coaching angeboten. Diese demonstrierte Wertschätzung für alle Mitarbeiter sollte nicht nur die intrinsische Motivation erhöhen, sondern auch die Attraktivität als Arbeitgeber steigern.

Motivierte Mitarbeiter sind unverzichtbar, aber auch die Marke und das Management müssen optimal auf die Markt- und Wettbewerbsverhältnisse eingestellt sein. Der Mensch, der mindestens genauso wichtig für uns ist, ist der Kunde. Dazu haben wir die Marken- und Kommunikationsstrategie permanent weiterentwickelt. Unsere Maxime war dabei, eine möglichst hohe Wertigkeit zu erzeugen, was seinen Ausdruck zum Beispiel in der Printwerbung und im Handelsmarketing fand, der Entwicklung einer stringenten Corporate Identity und intensiver PR-Arbeit in klassischen und neuen Medien. Das oberste Ziel war immer, eine sehr hohe Begehrlichkeit am Point of Sale zu entwickeln. Dazu gehörten in jeder Saison modische Highlights, Konzentration auf hohe Qualität und eine schnelle Kollektionsentwicklung in Reaktion auf Kundenbedürfnisse, was uns durch dauerndes Beobachten der Märkte und das Screening aktueller Trends gelang. Wir gaben uns nie zufrieden, sondern entwickelten unsere einzelnen Linien permanent weiter. Und wir investierten viel Geld in Werbung, arbeiteten zum ersten Mal mit Top-Models und konzentrierten uns auf Premium-Magazine.

Hier ist mir wichtig zu sagen, dass Kontinuität und Kreativität keinen Gegensatz bilden, sondern nur einen Scheingegensatz. Denn beides ist wichtig: Erfolgreiche Linien und Strukturen dürfen ruhig weiterlaufen, es ist vollkommen unnötig, immer wieder alles auf den Kopf zu stellen, aber überall muss die Möglichkeit gegeben sein, neue Impulse und Ideen einzubauen, neue Linien zu entwickeln und neue Vermarktungsformen zu finden.

Effiziente Strukturen, funktionierende Workflows, intensives Controlling – ohne Management geht es auch mit höchst motivierten Mitarbeitern und einer strahlenden Marke nicht. Als ich mit 40 Jahren Vorstand für Vertrieb und Finanzen wurde, lag mein Augenmerk auf der betriebswirtschaftlichen Steuerung, der Analyse von Investitionen, der Suche nach dem richtigen Personal und dem Aufbau einer modernen IT. Wir Führungskräfte überarbeiteten dann darauf aufbauend die Unternehmens-Vision: „Wir wollen mit Marc O'Polo die führende nordische Modern Casual Lifestyle Marke im Premiumsegment sein." Und aus dieser Vision leitete sich die Strategie ab, die auf Begehrlichkeit und profitables Wachstum zielte. Sie zeichnete sich durch Schnelligkeit, Flexibilität, aber auch Beständigkeit und Bodenständigkeit, Klarheit in der Führung, permanente Überprüfung der Leistungsfähigkeit und finanzielle Unabhängigkeit aus. Ein Mix, der überaus erfolgreich war und den ich auch für die Anforderungen der Zukunft in dieser Branche für entscheidend halte.

Lektionen für die Zukunft

In den vergangenen Jahren wurde immer sichtbarer, dass es in der Bekleidungsbranche nicht mehr richtig rund läuft. Wer daran etwas ändern will, sollte sich drei einfache Fragen stellen.

1. Arbeiten die richtigen Menschen für mich?

Um eine Marke zum Leben und zum Strahlen zu bekommen, braucht es die richtigen Mitarbeiter. Es ist nicht einfach, hohe fachlichen Kompetenz, Charisma und Überzeugungskraft in einer Führungskraft zu finden, die dann auch noch gut zur Marke passt. Solche Menschen zu finden, ist eine große Herausforderung. Der richtige Mix ist entscheidend. So gehören meiner Meinung nach Top-Leistung und Spaß untrennbar zusammen. Menschen, die nur professionell Top-Leistungen erbringen wollten, aber keinen Spaß daran hatten, sind ebenso wenig erfolgreich und glücklich geworden wie Menschen, die nur Spaß hatten, aber keine Ergebnisse erzielten. Diese Kultur, diese Werte, sind natürlich bei jeder Marke verschieden. Je klarer sie aber definiert und kommuniziert werden, desto einfacher können sie gelebt und gefördert werden. Und ziehen somit auch die passenden Mitarbeiter an.

2. Was macht mein Unternehmen denn einzigartig?

Die Basis jedes Unternehmens sollte die Definition eines überzeugenden USP sein. Nur die klare Positionierung einer Marke schafft für alle, den Endverbraucher, die Mitarbeiter, die Händler, Lieferanten und Kunden, die Bedingung für Identifikation. Trends, die zur Marke passen, werden aufgenommen. Was nicht zur Marke passt, wird nicht gemacht. Verbiegen gibt es nicht. Das Weglassen, das Setzen von Prioritäten ist es, was vielen Markenmachern am schwersten fällt. Dieses Umsetzen von Trends in Produkte erfordert Cleverness, die die Stärke einer Marke nutzt. Um das möglichst erfolgreich zu machen, braucht es auch eine gewisse Schnelligkeit bei der Umsetzung. Das geht nur dann, wenn das Unternehmen aus einem Guss ist und es nicht zu langen internen Diskussionen kommt. Vergessen wir nicht: Markenführung ist nicht demokratisch.

3. Schlanke, einfache Prozesse

Der letzte wichtige Bereich sind perfekt funktionierende Prozesse, sozusagen die operative Exzellenz, welche die Grundlage für den Unternehmenserfolg sind. Es geht immer darum, die Kosten sehr niedrig zu halten. Eine moderne IT unterstützt diese Prozesse und entwickelt sie immer weiter. Gerade jetzt ist es wichtig, auf eine tiefgreifende Digitalisierung mit dem Ziel der Kostenersparnis zu setzen.

Vom Controller zur begeisternden Führungskraft – wie habe ich das geschafft?

Jetzt klingt das vielleicht so, also ob ich von Beginn an ein visionärer und motivierender und am Ende dadurch erfolgreicher Manager gewesen wäre. Nichts läge mir ferner, als diesen Eindruck zu erwecken. Ich brauchte einige Jahre Zeit, viele Seminare und Coaching-Stunden, um diese Erkenntnisse zu sammeln. Ich musste mich also erst einmal selbst transformieren. Aber ich weiß, wenn ich das geschafft habe, sind auch Sie dazu in der Lage. Wenn ich eine souveräne Führungskraft werden will, die ihre Ziele mit Begeisterung und Leichtigkeit erreicht und sowohl Mitarbeiter wie Kunden zufriedenstellt, sollte ich irgendwann an einem Punkt sein, an dem ich die folgenden Fragen mit „ja" oder zumindest „meistens" beantworten kann.

Selbstreflexion

• Kenne ich mich wirklich? Kenne ich meine Gefühle und deren Auswirkung auf meine Arbeitsleistung, auf Beziehungen zu anderen Menschen?
• Bin ich dazu fähig, meine Stärken und Schwächen realistisch zu beurteilen?
• Habe ich ein positives Selbstwertgefühl?

Selbstmanagement

• Kann ich negative oder destruktive Gefühle beherrschen?
• Bin ich gewissenhaft?
• Werde ich meinen Verpflichtungen gerecht?
• Kann ich mich neuen Situationen anpassen und Hindernisse überwinden?
• Habe ich einen hohen Leistungsanspruch?
• Bin ich dazu fähig und bereit, sich bietende Chancen zu nutzen?

Soziales Bewusstsein

• Habe ich die Fähigkeit, mich in andere Menschen einzufühlen, deren Sichtweise und Motive zu verstehen?
• Besitze ich die Fähigkeit, alle Strömungen im Unternehmensalltag wahrzunehmen, Entscheidungsnetze aufzubauen und mit internen Konflikten zurechtzukommen?

• Bin ich in der Lage, Bedürfnisse der Kunden schnell wahrzunehmen und zu erfüllen?

Sozialkompetenz

• Bin ich bereit, Verantwortung zu übernehmen und andere zu inspirieren?
• Fördere ich andere Menschen, indem ich sie durch Feedback und Anleitung stärke?
• Kann ich anderen zuhören und klare und überzeugende Botschaften formulieren?
• Besitze ich die Fähigkeit, neue Ideen anzuregen und richtungsweisend zu führen?
• Habe ich die Gabe, Meinungsgegensätze zu entschärfen und einvernehmliche Lösungen herbeizuführen?
• Gelingt es mir, ein Beziehungsnetz zu knüpfen und zu pflegen?
• Fördere ich Kooperation und Zusammenarbeit?

Wenn ich alle diese Frage mit „ja" beantworten kann, dann habe ich die besten Voraussetzungen, aus meinem Berufsleben eine Erfolgsgeschichte zu machen (auch wenn es nur zu 75 oder 50 Prozent „ja" heißt, ist die Ausgangslage nicht schlecht. Um möglichst viele dieser Fragen zu bejahen und damit die Basis für Erfolg zu legen, müssen wir vor allem eins – begreifen und akzeptieren, dass wir für alles, was in unserem Leben geschieht, selbst verantwortlich sind. (Das gilt natürlich auch für schwierige und unangenehme Entscheidungen – am Anfang meiner Karriere musste ich viel sanieren und restrukturieren, das heißt auch: Mitarbeiter entlassen. Vor dieser Verantwortung habe ich mich nie gedrückt, obwohl es einem immer schwerfällt, Menschen zu entlassen, wenn sie Veränderungen nicht mitgehen, vor allem dann, wenn man die betreffenden Mitarbeiter selbst eingestellt hat. Oder gar mit ihnen befreundet ist.)

Meistens stehen wir dem Erfolg schlicht selbst im Weg – das ist eine unbequeme Erkenntnis, ohne Frage. Denn es ist immer leichter, die Schuld jemand anderem in die Schuhe zu schieben oder irgendwelche Umstände dafür verantwortlich zu machen.

Was bedeutet es, Selbstverantwortung zu übernehmen?

In unserem Fragenkatalog ging es gerade um vier Themen Selbstreflexion und Selbstmanagement, soziales Bewusstsein und soziale Kompetenz. Es geht also immer, das ist wenig überraschend, um mich als Person und die anderen. Wir können diese Fragen leicht abwandeln und sehen sofort, dass eine positive Antwort nicht nur zu beruflichem Erfolg beiträgt, sondern auch entscheidend für unseren Lebenserfolg und unser Glück ist. Denn (Selbst-)Verantwortung reicht viel, viel weiter als nur bis zu der Zuständigkeit für eine Aufgabe, ein Team, einen Bereich oder ein ganzes Unternehmen. Selbstverantwortung bedeutet, dass wir unser Leben selbst in die Hand nehmen und bewusste Entscheidungen treffen.

Häufig werden auch die Begriffe Eigenverantwortung und Selbstbestimmung verwendet. Sie meinen alle das Gleiche: Sie selbst haben es in der Hand, in welche Richtung sich Ihr Leben entwickelt, ob Sie unglücklich bleiben oder etwas dagegen tun und für welche Alternativen Sie sich an den vielen Scheidepunkten entscheiden.

Selbstverantwortung bedeutet aber nicht nur, eigenständig zu handeln, sondern im Anschluss immer auch, die Verantwortung für alle Entscheidungen und Handlungen zu übernehmen – egal, wie die Folgen aussehen, das Ergebnis gut oder schlecht, positiv oder negativ ausfällt. Ich sage hier immer: Wir können alles tun, was wir wollen, wenn wir bereit sind, die Konsequenzen für unser Tun zu tragen. Klagen, dass die Umstände schuld seien, der Arbeitgeber einem keine Chance gäbe, die Kollegen einen runterzögen oder eine Partnerschaft unglücklich mache, sind dann nicht mehr möglich. Niemand zwingt mich doch, für ein bestimmtes Unternehmen zu arbeiten oder mit Kollegen auszukommen, die mir nicht gefallen, oder bei einem Partner zu bleiben, der mich belügt oder betrügt. Wir sind nicht Opfer der Umstände, wir können sie ändern. Vielleicht denken Sie sich jetzt, dass das leicht gesagt ist, aber für Sie nicht gilt – schließlich können Sie Ihren Job gerade nicht aufgeben, weil Sie kleine Kinder haben und das Geld unbedingt brauchen, oder dass Sie sich Ihren Chef nicht aussuchen können oder den Weg zur Arbeit oder was auch immer. Das mag schon sein – dennoch ist niemand für diesen Zustand verantwortlich außer Ihnen selbst. Sie haben Entscheidungen getroffen, zum Beispiel, sich um einen bestimmten Job zu bewerben, eine Familie zu gründen, in ein Unternehmen zu gehen, ein Haus zu kaufen (oder Sie haben sich nicht entschieden und einfach treiben lassen – aber das macht keinen Unterschied: Niemand anderes hat es entschieden außer Ihnen). Warum ist das so wichtig, das zu begreifen und anzunehmen?

Ich beantworte das aus meiner Erfahrung heraus – erst als ich das verstanden hatte, konnte ich mein Leben gestalten und mich zuerst zu einem erfolgreichen und dann glücklichen Menschen machen. Die ersten 25 Jahre meines Lebens habe ich damit zugebracht, anderen die Schuld zuzuweisen. Zu jener Zeit hatte ich einfach Angst, Verantwortung zu tragen, und war froh, wenn es andere für mich taten. Aber ich fühlte mich zu keinem Zeitpunkt wohl dabei. 15 Jahre später war ich froh, meine Einstellung komplett geändert zu haben. Manchmal hilft es, den sehr abstrakten Begriff Selbstverantwortung ein wenig „aufzudröseln", und ich gebe hier mal eine Definition, was das für mich bedeutet (vielleicht entdecken Sie darüber hinaus noch den einen oder anderen Aspekt, der Ihnen besonders wichtig ist).

Selbstverantwortung bedeutet für mich:

Erkennen, was ich für mich selbst will, und mich dafür einsetzen.
Mein eigenes Wohlbefinden ernst nehmen.
Zu meinen Entscheidungen stehen und sie auch bei Rückschlägen vertreten.
Mich für meine eigenen Gefühle verantwortlich fühlen.
Mich auf den Weg machen.

Wie Sie sehen, sind wir hier wieder bei Platon und den griechischen Philosophen, denn es geht auch hier wieder um den richtigen Mix aus Einsicht und Selbstbeherrschung. Wir brauchen eine Vorstellung davon, was wir wirklich wollen und was wir brauchen, Einsicht, um zu sehen, ob unsere Wünsche auch wirklich gut für unseren Körper und unsere Persönlichkeit sind. Es ist wichtig, Gefühle und Gedanken zu ergründen, nicht nur, um sich beherrschen zu können, sondern auch, um längere Wege bis zur Erreichung von Zielen durchhalten zu können. Wir können das alles erreichen und trotzdem scheitern, wenn wir nicht danach handeln. Deswegen ist der fünfte Punkt so wichtig: machen nach bestem Wissen und Gewissen.

Alles, was ich geschrieben habe, sollte bei einem erwachsenen Menschen eine Selbstverständlichkeit sein, ist es aber längst nicht immer. Oft liegt der Grund in der Erziehung. In der Kindheit tragen unsere Eltern die Verantwortung für uns. Das ist auch definitiv gut so: Ein Dreijähriger kann nicht entscheiden, was gut für ihn ist, und auch ein Zehnjähriger weiß noch nicht um alle Konsequenzen seines Tuns. Manchmal geht diese Fürsorge aber über ein gesundes Maß und ein bestimmtes Lebensalter hinaus: Überbehütende, stark kontrollierende oder sehr dominante Eltern erschweren ihren Kindern, im Laufe des Heranwachsens Eigenverantwortung zu übernehmen. Manche von uns bleiben also länger Kind, als gut für sie ist. Und dann bekommt das eine fatale Eigendynamik – denn natürlich ist es einfach bequem, auf Selbstverantwortung zu verzichten. Man braucht sich um kaum noch etwas zu kümmern und kann es sich in seinem eigenen Selbstmitleid gemütlich machen. Wie oft habe ich schon gehört: „Die Gesellschaft ist so unfair, dass es gar keine Chancen gibt ... Der Chef wollte den Erfolg verhindern und die Freunde hatten es alle von Anfang an viel einfacher ..." Einfach und bequem, keine Frage. Das Problem dabei ist nur: Mit dieser Einstellung kommen wir nirgendwohin – selbst dann nicht, wenn uns der Job unseres Lebens angeboten wird oder uns unser Traumpartner über den Weg läuft.

Love it, change it or leave it – darum sollten Sie Selbstverantwortung übernehmen

Und genau deshalb brauchen wir ein neues Programm für unser Leben. Und zwar unter dem Motto: „Love it, change it or leave it!" Doch was heißt das konkret? Nun, es ist ganz einfach. „Love it" bedeutet: „Steh zu dem, was du gerade tust", „change it": „Mache etwas anderes oder mach etwas anders", und „leave it": „Kündige oder trenne dich". Wenn man einmal kurz darüber nachdenkt, wird einem klar: Mehr Möglichkeiten gibt es eigentlich nicht. Außer vielleicht der einen, den ein altes, vielzitiertes Gebet beschreibt: Herr, gib mir die Kraft, die Dinge zu ändern, die ich ändern kann, und die Gelassenheit, die Dinge zu ertragen, die ich nicht ändern kann, und die Weisheit, zwischen den beiden zu unterscheiden."

Den Weg zur Selbstverantwortung können wir übrigens auch nur selbstverantwortlich beschreiten, und zwar von Anfang an. Denn niemand anders wird es für uns tun. Warten Sie also nicht darauf, dass jemand Sie an die Hand nimmt, Ihnen sagt, was Sie tun sollten und worauf Sie achten müssen, um ein glücklicheres Leben zu führen. Die Erkenntnis mag schmerzlich sein, aber so funktioniert die Welt nun mal nicht. Selbstverantwortung ist der Schlüssel, um wieder zufriedener mit der eigenen Situation zu sein. Selbstverantwortung ist aber auch der Schlüssel, um unsere Beziehungen zu anderen Menschen zu gestalten. Wie wir diesen Schlüssel finden, schreiben wir in den nächsten Kapiteln, aber wir wollen noch etwas vorausschicken:

Anerkennen, was ist – die Realität akzeptieren

Bevor wir uns auf den Weg in ein neues selbstbestimmtes Leben machen, ist eine kleine Bestandsaufnahme sehr hilfreich: Wo stehe ich gerade? Woran hakt es? Wo stehe ich mir selbst im Weg? Was hält mich davon ab, glücklich zu sein? Eine höchst individuelle Stärken- und Schwächenanalyse, die uns ein ehrliches, ungeschminktes Bild unserer gegenwärtigen Lebenssituation gibt. Wir werden umso erfolgreicher und glücklicher, je genauer wir wissen, welche Fähigkeiten und Talente wir mitbringen, wo unsere Kompetenzen und unsere Fehler liegen, welche Möglichkeiten wir haben, welche Chancen und Gefahren sich auf unserem Weg eröffnen. Wichtig ist, dass wir versuchen, unsere Position in der Welt genau zu bestimmen. Das erstreckt sich auf alle Bereiche in Gegenwart und Vergangenheit: Wo befand sich meine Position zum Beispiel in der Familie? Welches Verhältnis hatten meine Eltern untereinander? Wie stand ich zu ihnen? Wo war meine Position im Geschwisterverhältnis? Wo stehe ich heute in meinem Beruf? Wie sieht das Verhältnis zu meinem Partner aus? Zu meinen Kindern? Welche Ziele möchte ich erreichen? Wovor fürchte ich mich am meisten? Schwierige Fragen, und vor allem lässt sich die Liste lange fortsetzen. Aber es lohnt sich, diese Fragen ehrlich und umfassend zu beantworten, weil sie uns nicht nur helfen, unsere augenblickliche Situation zu bestimmen, sondern sie geben uns schon jetzt Hinweise darauf, was wir vielleicht verändern können oder müssen. Gerade hier können uns andere Menschen weiterbringen – es gibt eine Reihe professioneller Helfer, die uns bei der Beantwortung dieser

Fragen unterstützen können. Das reicht vom Coaching über Familienaufstellung bis zur klassischen Psychoanalyse.

Nicht mit der Situation hadern!

Was wir auf keinen Fall machen sollten, ist, mit der Situation, in der wir gerade sind, zu hadern. Dafür gibt es keinen Grund. Wir beschreiben unsere Lage, aber wir bewerten sie nicht. Wir akzeptieren sie einfach so, wie sie ist. Denn nichts ist an sich gut oder schlecht, nichts ist vorherbestimmt und unveränderbar. Jede Situation, jedes Ereignis und jeder Schritt im Leben haben positive und negative Seiten. Krisen können eine Chance sein, wie auch Glücksfälle Gefahren bergen. Gerade, wenn eine Situation schwierig zu meistern ist, kann sie viel Energie, Motivation und Einfallsreichtum freisetzen. Akzeptanz ist auch aus einem anderen Grund wichtig. Erst wenn wir unsere Situation akzeptiert haben, können wir sie ändern. Solange wir uns immer wieder gegen den augenblicklich herrschenden Zustand wehren oder ihn negieren, binden wir unsere Energie in einem sinnlosen Kampf.

Fazit: Am Anfang stehen Selbsterkenntnis und Selbstverantwortung

Es ist kein Wunder, dass „Erkenne dich selbst" einer der zentralen Sätze der griechischen Philosophie ist. Selbsterkenntnis ist die Voraussetzung für Selbstbewusstsein, Selbstsicherheit, mehr Selbstvertrauen und ein besseres Selbstwertgefühl. Je sicherer wir uns mit unserer Person fühlen, je mehr wir in unsere Fähigkeiten vertrauen und je positiver wir unseren Wert für uns, die anderen und die Welt sehen, umso positiver wird unsere Einstellung zur Welt und auch ihren ganzen Wechselfällen werden.

Wir sind dann nicht mehr, wie viele andere, von einer sehr negativen Einstellung zur Welt geprägt. Wir sehen nicht die Dinge mit dem typischen Blick eines Opfers. Wir gehen nicht mehr davon aus, dass andere uns schaden wollen oder die Umstände sich gegen uns verschworen haben. Wir begreifen das Leben nicht mehr als einen endlosen Kampf und unseren persönlichen Weg als eine Kette von Niederlagen. Denn so ist die Welt nicht – das Leben steht uns – nüchtern gesagt – neutral gegenüber. Oder drücken wir es anders aus: Was wir in die Welt bringen, kommt auch wieder zu uns zurück. Sind wir freundlich zu anderen Menschen, werden sie in der Regel freundlich zu uns sein. Geben wir uns Mühe in einer Beziehung, wird der andere auch Bemühung zeigen. Sollte das nicht der Fall sein, können wir die Beziehung beenden. Arbeiten wir engagiert in unserem Job, werden wir Erfolgserlebnisse haben. Bleiben diese aus, können wir den Job wechseln. Wir sind es, die unser Leben bestimmen. Je positiver wir dabei denken, umso besser und glücklicher werden wir sein. Deswegen heißt die Maxime und der erste Schritt unserer Glückspraxis: *Werde ein (guter) Egoist!*

TEIL 2

Das Glücksprogramm – Praktische Tipps

KAPITEL 4

Egoismus und soziales Verhalten – wie gehe ich gut mit mir selbst und anderen um?

"

Deine erste Pflicht ist es, dich glücklich zu machen.
(Ludwig Feuerbach, deutscher Philosoph,
1804–1872)

Gut mit sich selbst umgehen – Was ich unter Egoismus verstehe

Viele Menschen haben Angst vor dem Begriff „Egoist". Oft wird er dafür gebraucht, um einen Menschen zu beschreiben, der rücksichtslos und auf Kosten anderer seine Interessen durchsetzt, dem die Wünsche, Nöte, Probleme und Leiden anderer Menschen vollkommen gleichgültig sind. Diese Art von Egoismus meine ich nicht. Überhaupt nicht. Ich verstehe unter Egoismus eine gesunde Einstellung, die Folgendes umfasst:

• Ich bin der wichtigste Mensch in meinem Leben.

• Erst wenn ich dafür gesorgt habe, dass es mir gut geht, kann ich etwas für andere Menschen tun.

• Ich begegne anderen Menschen mit Interesse, Aufmerksamkeit, Respekt und Anerkennung.

• Was in meinem Leben wichtig ist, bestimme ich selbst und nicht andere.

• Ich akzeptiere und unterstütze die Ziele und den guten Egoismus anderer Menschen.
• Ich übernehme immer Eigenverantwortung, setze Ziele, treffe Entscheidungen und handle danach.

Ich kann das auch in einem Satz zusammenfassen: Gesunder Egoismus ist, wenn ich meinen eigenen selbst bestimmten Weg gehe, einen Weg, der zu mir passt und der anderen nicht schadet. Oder: Ich werde nach meiner eigenen Fasson glücklich, weil ich außerhalb der Konvention denke und handle.

Psychologischen Untersuchungen zufolge lassen sich mehr als 75 Prozent aller Menschen in ihrem Handeln von äußeren Einflüssen leiten. Woran liegt es, dass nur so wenige Menschen das Leben führen, das sie eigentlich führen möchten? Oft kommt es daher, dass viele denken, es sei falsch, das zu tun, was sie für richtig halten. Egoistisch zu sein, so haben wir alle gelernt, ist etwas Verwerfliches und Schändliches. Deshalb sagen wir häufig Ja, auch wenn wir Nein sagen wollen, stecken zurück, geben klein bei, reden und handeln gegen unsere Überzeugung und passen uns an. Aber machen wir uns nichts vor: Auch wenn wir uns scheinbar selbstlos verhalten, indem wir uns nach anderen richten oder es anderen recht machen, sind wir im Grunde egoistisch. Wir wollen dann nämlich durch unser „selbstloses" Verhalten erreichen, dass der oder die andere weiterhin gut auf uns zu sprechen ist. Wir haben Angst, unser Ansehen könnte leiden oder der andere könnte sich von uns abwenden. Oder wir wollen durch vermeintlich altruistisches Verhalten Anerkennung gewinnen. Wir richten uns also oft nicht dem anderen zuliebe nach ihm, sondern um unserer selbst willen.

Warum jeder Mensch egoistisch ist – oder sein sollte

An sich selbst zu glauben und genau das Leben zu führen, das man führen will, ist für mich eine Form von gesundem Egoismus. Schädlich oder ungesund ist so ein Verhalten nur dann, wenn man dabei andere Menschen missbraucht und sie für den eigenen Vorteil ausnutzt. Oder sich rücksichtslos über Regeln, die die Allgemeinheit schützen, hinwegsetzt. Wenn ich jedoch das tue und sage, was ich für richtig halte, und von meinem Recht Gebrauch mache, das Leben zu führen, das ich führen will, ohne damit einem anderen zu schaden, dann bin ich nicht egoistisch in einem negativen Sinne.

Ganz im Gegenteil: Nur so kann ich etwas in meinem Leben erreichen und Gutes tun, für mich und die anderen. Alle großen Künstler, Wissenschaftler und Forscher sind nur zu dem geworden, was sie später berühmt machte, weil sie nicht auf die Außenwelt, sondern auf ihre innere Stimme gehört haben, die ihnen sagte: „Mach das. Das ist wichtig für dich. Und es ist richtig." Hätten sie auf Machthaber, Vorgesetzte, Kritiker und Spötter gehört, dann würden wir heute wahrscheinlich noch in Höhlen leben. Fortschritt ist nur möglich, wenn es Menschen gibt, die tun, was sie für richtig halten.

Den eigenen Weg gehen – ohne auf andere zu hören

Und seien Sie ehrlich: Welche Menschen respektieren und bewundern Sie am meisten? Alle, die ihre Meinung sagen, dazu stehen und ihren Weg gehen, auch wenn sie dabei auf Kritik stoßen, oder jene, die anderen nach dem Mund reden und ihr Fähnlein in den Wind hängen? Vielleicht kennen Sie das Buch „Die Möwe Jonathan". Der Autor hat dieses Buch mehr als achtzehn Verlagen angeboten. Keiner wollte es haben. Aber der Autor hat nicht beschlossen, dieses Buch umzuschreiben, um die Anmerkungen der Verlagsmanager und Lektoren zu berücksichtigen. Er hat auch kein neues Buch geschrieben. Er hat an sein Buch geglaubt und es einfach weiter versucht. Als dann schließlich ein Verlag das Buch herausbrachte, wurde es innerhalb ganz kurzer Zeit ein Bestseller. Oder denken Sie an eines meiner Lieblingsbücher, „Sofies Welt" des norwegischen Autors Jostein Gaarder. Eine einfache Geschichte: Mysteriöse Briefe landen im Briefkasten der 15-jährigen Sofie Amundsen in Oslo. Was sollen diese Fragen: »Wer bist du?«, »Was ist ein Mensch?« und »Woher kommt die Welt?«. Die Briefe entführen Sofie in die Gedankenwelt der großen Philosophen. Wer hätte gedacht, dass die Geschichte der Philosophie, für Kinder geschrieben, ein Bestseller für Erwachsene wird? Viele Agenten und Lektoren hätten das nicht empfohlen – unklarer USP, zu trocken, zu philosophisch. Jostein Gaarder hat an sich geglaubt, hatte damit Erfolg und einen Bestseller gelandet, der 40 Millionen mal verkauft wurde.

Menschen, die das tun, was sie für richtig halten, sind meist beruflich erfolgreicher als Menschen, die dem Erfolg hinterherjagen und alles tun, um andere zufriedenzustellen. Viel wichtiger ist jedoch, dass diese Menschen zufriedener sind als Menschen, die sich von der Meinung anderer leiten lassen. Egal, ob ich ein Buch schreibe, ein Unternehmen führe, meine Kinder großziehe – ich darf mich nicht von der Meinung meiner Umwelt beirren lassen. Ich folge einfach meiner inneren Stimme und tue, was ich für richtig und wichtig halte.

Dazu passt vielleicht eine kurze Geschichte, die von der Unmöglichkeit handelt, es allen Menschen recht zu machen: Ein Mann reitet auf seinem Esel, hinter dem ein kleiner Junge, der Sohn des Mannes, läuft. Plötzlich ruft jemand: „So eine Gemeinheit. Der Vater sitzt auf dem Esel und der arme Junge muss mit seinen kurzen Beinchen hinterherrennen." Der Vater überlegt einen Moment, dann steigt er herab und lässt den Jungen auf dem Esel sitzen. Doch bald hört er eine andere Stimme: „Das ist doch die Höhe. Da sitzt der Junge wie ein Pascha auf dem Esel und der arme alte Vater muss nebenherlaufen." Vater und Sohn schauen sich für einen Moment an und dann steigt der Vater zu dem Jungen auf den Esel. Kaum sind sie ein paar Schritte geritten, ruft ein anderer: „So eine Tierquälerei. Jetzt muss der arme Esel so schwer tragen, nur weil die Herrschaften zu fein sind, um zu laufen." Vater und Sohn schauen sich an und steigen beide vom Esel ab und laufen nun neben ihm her. Plötzlich hören sie ein lautes Gelächter, und eine Stimme ruft: „Nun schaut euch die beiden Idioten an. Wie kann man nur so blöd sein und neben seinem Esel herlaufen. Wozu hat man denn so ein Tier?"

Die Botschaft dieser Geschichte ist eindeutig: Wir können es sowieso nie allen Menschen recht machen, gleichgültig wie sehr wir das auch anstreben. Denn es wird immer Menschen geben, die das, was wir tun und sagen, nicht gut finden.

Aber wir können es einem Menschen voll und ganz recht machen: uns selbst.

Wie werde ich egoistischer? Anregungen für mehr Selbstverwirklichung

Alle, die daraufhin beschließen, mehr an sich selbst zu denken, werden merken, dass es gar nicht so einfach ist, das zu tun. Es erfordert Aufmerksamkeit und Übung, genau darauf zu hören, was man wirklich will, und lernen, zu anderen Nein zu sagen. Doch wie kann man das hinbekommen?

Der erste Schritt ist auch hier, einen Stift zu nehmen und ein Blatt Papier (oder die Notizfunktion im Handy zu öffnen). Und dann schreiben Sie auf: Bei welchen für Sie wichtigen Entscheidungen haben Sie es zugelassen, dass andere Ihnen sagen, wie Sie Ihr Leben zu führen haben? In welchen Situationen lassen Sie andere für sich entscheiden? Wann haben Sie das letzte Mal etwas aus Bequemlichkeit, oder um jemandem einen Gefallen zu tun, gemacht? Wann haben sie das letzte Mal zu etwas bewusst Nein gesagt? Überlegen Sie, wo Sie zurückstecken und das tun, was andere von Ihnen erwarten, anstatt das zu tun, was Sie tun möchten.

Überlegen Sie dann, in welchen für Sie wichtigen Bereichen Sie beginnen wollen, mehr an sich zu denken und das zu tun, was Sie für richtig halten. Schreiben Sie wiederum diese Bereiche und Situationen genau auf. Seien Sie dabei so konkret wie nur möglich.

Beantworten Sie jetzt folgende Fragen offen und ehrlich: Wenn ich mein Leben so gestalten könnte, wie ich wollte, wenn ich auf niemanden Rücksicht nehmen müsste, würde ich dann so leben, wie ich es gerade tue? Würde ich mit meinem Partner zusammenleben? Würde ich hier an dem Ort leben, in diesem Land? Würde ich diese Arbeit machen? Denn nichts davon ist von vornherein festgelegt: Wo wir leben, welche Arbeit wir machen, mit welchem Partner wir zusammenleben, das sind – Sie wissen es bereits – alles unsere Entscheidungen. Auch wenn wir sie oft vielleicht unbewusst getroffen haben, uns Ehrgeiz oder Begehren, Gewohnheit oder Bequemlichkeit in eine bestimmte Richtung gelenkt haben – wir sind jederzeit frei, diese Entscheidungen zu korrigieren. Meist machen wir jedoch von dieser Entscheidungsmöglichkeit keinen Gebrauch, da wir Angst haben, den vertrauten Pfad zu verlassen und Neuland zu betreten. Aber wie heißt der alte Seefahrerspruch so schön: Wenn man neue Kontinente erobern will, muss man die Küste verlassen.

Gesunder Egoismus bedeutet in erster Linie, dass wir es gut mit uns meinen – das bedeutet, dass wir großzügig mit uns sind, dass wir uns Fehler verzeihen und dass wir uns nicht zusätzlich bestrafen, wenn wir Niederlagen erleben. Gesunder Egoismus geht aber weit darüber hinaus, denn er führt auch dazu, dass wir uns in andere Menschen einfühlen können und dafür sorgen wollen, dass es ihnen gut geht. Denn wie können wir zufrieden und glücklich sein, wenn es die Menschen in unserer Umgebung nicht sind?

Liebe deinen Nächsten wie dich selbst!

Eins gleich vorweg: Auch wenn dieses Kapitel ein biblisches Motto trägt – ich bin kein Christ. Und ich fühle mich nicht der christlichen Religion (und auch keiner anderen) zugewandt. Das bedeutet aber nicht, dass viele religiöse Botschaften und Sentenzen sinnlos wären. Ganz im Gegenteil. Das „Liebe deinen Nächsten wie dich selbst!" ist in dieser Hinsicht sehr interessant. Denn es setzt voraus, dass wir erst, wenn wir gut zu uns selbst sind, das auch zu anderen sein können.

Für viele ist es wahrscheinlich selbstverständlich, dass sie ihrer Familie, den Eltern, Kindern und Ehepartnern gegenüber Zuneigung und Verständnis zeigen. Für mich sind meine Familie, vor allem meine Frau und meine Tochter, aber auch meine Eltern und mein Bruder eine wichtige Quelle des Glücks. Meine Frau und ich tauschen uns jeden Tag über die Dinge des Alltags aus, wir gehen oft zu zweit essen und dabei geht uns nie der Gesprächsstoff aus. Meine Frau ist die Person, die mich aushält. Und das wird immer wichtiger, je älter man wird, denn dann kommen die ganzen Eigenheiten und Merkwürdigkeiten, die einen auszeichnen, immer stärker zum Tragen. Bei meiner Tochter habe ich ebenfalls immer darauf geachtet, dass wir wirklich „quality time" hatten, wenn wir zusammen waren. Auch in Zeiten maximaler Arbeitsbelastung ist es notwendig, dass wir uns intensiv um unsere Liebsten kümmern, konzentriert und mit Präsenz. Selbst wenn ich mich gestresst gefühlt oder andere Dinge zu erledigen hatte, habe ich versucht, mir Zeit für meine Familie zu reservieren. Genauso besuche ich regelmäßig meine Eltern, wenn ich zum Beispiel bei Geschäftsreisen im Norden bin, oder ich treffe meinen Bruder, mit dem ich mich früher überhaupt nicht verstanden habe, aber inzwischen richtig zusammengewachsen bin. Unsere Beziehung ist von Großzügigkeit und Toleranz geprägt, obwohl er komplett anders ist als ich. Er lebt nach dem Prinzip: Spaß über alles, was mir auch wichtig, aber nicht so dominierend wie bei ihm ist.

Auch wenn die Familie an erster Stelle steht, für mich sind meine Freunde eine überaus wichtige Quelle meiner Zufriedenheit. Deswegen halte ich, das habe ich bereits gesagt, aktiv den Kontakt aufrecht. Das gilt für Menschen, die ich im Job kennengelernt habe, genauso wie für alte und neue Sportpartner und besonders für alte Freunde, die ich schon seit meiner Schulzeit kenne, wie meinen alten Freund Thorsten, den ich vor über vierzig Jahren im Tennisclub kennengelernt habe. Wir sind vollkommen gegensätzlich, Beruf, Karriere und Geld interessieren ihn überhaupt nicht. Er arbeitet als Lehrer in einer Einrichtung für psychisch Kranke. Obwohl er eine Banklehre gemacht und BWL studiert hat, beschloss er, einen vollkommen anderen Lebensweg einzuschlagen. Ich kenne nur wenige, die so intelligent sind wie er, und wir verstehen uns gut, obwohl oder vielleicht gerade deswegen, weil wir vollkommen verschiedene Werte und Ansichten haben. Vertrauen bedeutet mir bei Freundschaften am meisten – und das habe ich bei Thorsten: Müsste ich eine Million Euro parken, würde ich das bei ihm machen.

Macht Freundschaft zufrieden? Oder bringt Zufriedenheit neue Freunde?

Auch hier scheint es wieder so zu sein, wie bei der Beziehung zwischen Glück und Erfolg. Es ist nicht die Tatsache, dass uns Familie und Freunde glücklich machen, sondern dass es uns gelingt, gute Beziehungen zu anderen Menschen aufzubauen und zu erhalten, wenn wir selbst glücklich sind. Wissenschaftliche Untersuchungen belegen genau das: Besonders zufriedene Menschen besitzen in der Regel einen guten Draht zu anderen und verbringen im Schnitt mehr Zeit mit Freunden und Familie als weniger glückliche Personen. Und es gelingt ihnen auch, schneller und leichter neue Beziehungen mit Menschen einzugehen. Klar, wer Zufriedenheit und Zuversicht ausstrahlt, zieht andere Menschen an. So entsteht, wie viele Psychologen glauben, das genaue Gegenteil eines Teufelskreises: Auf der einen Seite machen uns soziale Beziehungen glücklich, auf der anderen fällt es zufriedenen Menschen aber vermutlich schlicht leichter, Kontakte zu knüpfen, die wiederum zu ihrem Glück beitragen. Ein Mechanismus der Selbstverstärkung.

Um dies zu beweisen, begleiteten Forscher mehr als 200 Studenten über ein Semester hinweg und untersuchten deren Glücksgefühle mit verschiedensten Methoden. Am Ende errechneten die Wissenschaftler für jede Versuchsperson einen eigenen »Glückslevel« und unterteilten die Teilnehmer so in drei Gruppen: die oberen zehn Prozent der sehr Glücklichen, die durchschnittlich Glücklichen und die unteren zehn Prozent der wenig Glücklichen. Dann untersuchten sie, wie viel Zeit die Studienteilnehmer, allein und in Gesellschaft anderer, glücklich oder unglücklich verbrachten. Das nach allem bisher Gesagten wenig überraschende Ergebnis war: Die zufriedensten Teilnehmer in ihrer Untersuchung, so entdeckten die Forscher, verbrachten die wenigste Zeit allein.

Ausnahmslos alle der sehr Glücklichen pflegten gute Beziehungen zu Familienmitgliedern, Freunden und Arbeitskollegen. Die Unglücklichen hatten dagegen ein wesentlich schlechteres soziales Netzwerk.

Gelegenheit macht Freunde

In dieser Hinsicht hatte ich Glück: Mir fiel es in meinem Leben immer leicht, Beziehungen zu knüpfen. In der Regel hinterfragt man nicht, was der Grund ist, warum es dem einen leichter fällt, neue Freunde zu finden, während der andere sich schwer damit tut. Aber natürlich haben Wissenschaftler auch das untersucht: Welche Faktoren beeinflussen, ob wir es schaffen, zu einer fremden Person eine gute Beziehung aufzubauen, oder was führt dazu, dass wir eher auf Distanz bleiben? Forscher der Northern Arizona University sehen auch hier wieder einen sich verstärkenden Regelkreis am Werk. Sie glauben, dass Erfahrungen mit Freunden dazu beitragen, dass wir lernen, unsere eigenen Besonderheiten anzuerkennen und wertzuschätzen. Freunde spiegeln uns gewissermaßen – und das trägt auf Dauer zu mehr Selbstbewusstsein und Selbstvertrauen bei, was es uns dann wiederum erleichtert, auf andere Menschen zuzugehen. Freundschaften vermitteln natürlich noch viel mehr verschiedene Beziehungserfahrungen: Man verbringt gemeinsam Zeit bei zahlreichen Aktivitäten, teilt seine Geheimnisse, sucht nach Rat und Hilfe, erfährt von anderen Bestätigung, feiert kleine und große Erfolge miteinander. Aber dieser Mechanismus wirkt auch in einer weiteren Perspektive. Denn wir können auch für uns fremde Menschen oder der Gesellschaft im Allgemeinen nützlich, Sinn stiftend oder einfach Freude bringend wirken, wenn wir uns großzügig verhalten.

Gesunder Egoismus heißt auch Großzügigkeit

In der Familie und bei unseren engen Freunden ist es eigentlich eine Selbstverständlichkeit. Wir tun etwas für sie. Wir unterstützen sie bei Projekten, machen ihnen Geschenke, helfen ihnen bei Problemen, übernehmen Aufgaben, leihen ihnen Geld, schenken ihnen Zeit und Vertrauen. Und wir erwarten es zwar nicht, wissen aber, dass irgendwann vieles davon wieder zu uns zurückkommen wird. Jeder, der anderen etwas gibt, weiß: Dieses Geben ohne Erwartung einer Gegenleistung macht glücklich. Denken Sie einmal kurz darüber nach: Auch wenn es paradox klingen mag, es ist ein Ausdruck von Egoismus, wenn man anderen etwas Gutes tut. Warum ist das so? Wer seine Mitmenschen unterstützt, ihnen hilft oder sie fördert oder beschenkt, tut erst einmal etwas für sich. Er verschafft sich ein gutes Gefühl, denn er kann ja erst einmal nicht wissen, ob der andere mit seinem Geschenk wirklich etwas anfangen kann. Großzügigkeit ist ein komplett einseitiges Gefühl – es setzt nichts voraus. Wir können uns einfach darüber freuen oder uns in eine gute Stimmung versetzen, indem wir jemandem etwas schenken oder eine Aufgabe für ihn erledigen, ihm bei einer schwierigen Entscheidung helfen oder ein Problem lösen.

Es gibt also eine enge Verknüpfung zwischen Geben und Glück, die sich sogar im Gehirn messen lässt, wie in einem Experiment herausgefunden wurde. Großzügigkeit aktiviert ein Hirnareal, das eng mit unserem Belohnungszentrum verknüpft ist. Das erklärt sehr genau, wieso wir immer wieder bereit sind, auch gänzlich Fremden zu helfen – etwa durch Geld für Organisationen, die in der Dritten Welt tätig sind. Oder durch eine Organspende. Oft reicht dabei schon die feste Zusage, sich großzügig zu verhalten, um ein Gefühl der Zufriedenheit zu spüren. Ein Experiment mit Studenten, die gebeten wurden, sechs Wochen lang verschiedene gute Taten zu vollbringen (von der Spende an Obdachlose bis zum Besuch der Oma im Altersheim) zeigte: Die Probanden waren in dieser Zeit insgesamt zufriedener. Wer sich vorbildlich und sozial verhält, kann sich also ganz einfach seinen persönlichen Glücks-Boost verschaffen. Dieses Phänomen interpretiert die US-Psychologin Sonja Lyubomirsky so: „Wenn man sich anderen gegenüber freundlich und großzügig verhält, dann betrachtet man sich schließlich selbst als eine großzügige Person – es ist also gut für die Selbstwahrnehmung." Außerdem habe man insgesamt eine positivere Sicht auf die Welt – auch die Taten anderer nehme man als wohltätiger wahr, wenn man selbst Gutes tue.

Vielleicht war das einer der Gründe, warum ich mit meiner Frau irgendwann unser eigenes Charity-Projekt ins Leben rief. Unter dem Namen „GALA-Kinderstiftung" unterstützen wir eine Grundschule in Rosenheim, mit einer besonderen Berücksichtigung des Deutschunterrichts für ausländische Kinder, des Musikunterrichts und weiterer Projekte in Rosenheim. Der Name leitet sich übrigens von unseren Namen ab – Gedat Anja (meine Frau), Lena (meine Tochter) und Alexander. Und noch heute streite ich mich mit meiner Frau über die Frage, wem dieser wunderbare Name eigentlich eingefallen ist. Für mich ist die Großzügigkeit auch Ausdruck meiner Dankbarkeit, dass ich es geschafft habe, ein sorgenfreies und gutes Leben führen zu können. Gerade diese Dankbarkeit für das, was wir im Leben erreicht haben, nicht nur als Einzelperson, sondern auch als Gesellschaft, vermisse ich oft bei anderen Menschen. Denn gerade Dankbarkeit ist ein Faktor, der uns sehr viel Zufriedenheit schenken kann.

Gesunder Egoismus und soziales Verhalten ergänzen sich perfekt

Vielleicht ist jetzt am Ende klar geworden, warum mir der Begriff „Gesunder Egoismus" so wichtig und wie er mit dem Wohl von uns allen verknüpft ist. Wenn ich etwas zum Besseren verändern will, dann geht das nur, wenn ich mit mir anfange. Aber dann geht das ganz schnell weiter – über Familie und Freunde hin zu allen anderen. Viele wissen um die Bedeutung dieses Tuns: 20 bis 30 Millionen Deutsche spenden jedes Jahr zwischen fünf und zehn Milliarden Euro für gemeinnützige Zwecke. Forscher der Universitäten Hongkong und Cambridge haben kürzlich einen deutlichen Zusammenhang zwischen prosozialem Verhalten und psychischem Wohlbefinden festgestellt. Es gibt ihn also wirklich, den „warm glow".

Selbstverantwortung und Egoismus – für mich sind das die zwei wichtigsten Ausgangspunkte für den Weg in eine erfolgreiche und glückliche Zukunft. Sie mögen einander ähneln, sind aber nicht das Gleiche: Auch jemand, der selbstverantwortlich handelt, kann seine eigenen Bedürfnisse ignorieren oder zu viel auf andere hören, genauso wie auch ein Egoist dazu neigen kann, keine Entscheidungen zu treffen, die Konsequenzen seines Tuns nicht tragen zu wollen oder die Schuld auf andere oder die Umstände abzuwälzen. Der Weg zu Erfolg und Glück braucht das Akzeptieren beider Anforderungen. Aber damit ist nicht alles erledigt. Es braucht auch noch ein bisschen Technik. (Und natürlich Mut, denn ohne diesen lassen sich Grenzen, die uns in ausgetretenen Bahnen halten, nicht überwinden.) Aber fangen wir mit der Technik und hilfreichen Tools erst einmal an, denn Ziele setzen und erreichen, sich Entscheidungen leichter machen und Handlungen besser vorbereiten lässt sich lernen.

KAPITEL 5

Grenzen überwinden – wie schaffe ich das?

"

*Das Geheimnis des Glücks ist die Freiheit, das
Geheimnis der Freiheit aber ist der Mut.
(Thukydides, griechischer Historiker,
vor 454 v. Chr. – vermutlich zwischen
399 und 396 v. Chr.)*

Die richtigen Entscheidungen treffen

Jeder von uns hat hin und wieder Mühe, eine Entscheidung zu fällen. Vielen Menschen fällt es aber dauerhaft schwer. Die Gründe dafür sind vielfältig – bei dem einen ist es eine unbewusste Blockade, manchmal ist es die Hoffnung, dass sich ein Problem von allein löst, wenn man die Entscheidung nur lange genug hinauszögert.

Dahinter verbirgt sich ein tückischer Trugschluss. Wir glauben dann vielleicht, dass wir keine Verantwortung tragen müssen, wenn wir nicht entscheiden. Wir wissen aber schon jetzt: Wir treffen immer eine Entscheidung, selbst dann, wenn wir nichts tun und uns nicht entscheiden. Dann haben wir uns dafür entschieden, keine Entscheidung zu treffen. Und für diese tragen wir – wie sollte es anders sein – die Verantwortung. Die Angst, Unlust oder Unfähigkeit, zu entscheiden, verbirgt sich hinter Sätzen wie:

„Ich weiß nicht, was mich erwartet!" (die Angst vor den Konsequenzen, die Angst vor der Zukunft, mangelnde Bereitschaft, Risiken einzugehen)

„Ich weiß nicht, welcher Weg der richtige ist!" (die Qual der Wahl, zu viele Alternativen)

„Ich will das meinem Partner/meiner Familie/meinen Kollegen nicht zumuten!" (Abhängigkeit von anderen Menschen, soziale Bindungen)

„Alle Wege, die ich sehe, führen nicht zum Ziel!" (ausschließlich vermeintlich unattraktive Handlungsalternativen)

„Ich schaffe das nicht" (Angst vor den Herausforderungen, mangelndes Selbstvertrauen)

„Ich mache immer alles falsch!" (Zweifel an den eigenen Absichten und der eigenen Handlungsfähigkeit)

Keine Entscheidung zu treffen, ist ein Signal an andere: Entscheide du! Entweder, weil mir die Entscheidung egal ist oder weil ich jemand anderem die Entscheidung übertragen möchte. Wenn andere entscheiden, öffnet sich für uns immer ein vermeintliches Schlupfloch aus der Verantwortung. Wir sind nicht schuld: Wir haben ja schließlich nichts gemacht. Egal, welche Konsequenzen eintreten, wir können uns darüber beklagen, dass der andere eine Entscheidung getroffen hat, deren Folgen wir nicht tragen wollen. Aus allem, was wir vorher zur Selbstverantwortung gesagt haben, sollte an dieser Stelle schon klar sein: Alles ist unsere Entscheidung, und da wir immer die Verantwortung tragen, können wir nur eine Entscheidung treffen, die für uns richtig ist und uns zusagt.

Vielen fällt eine Entscheidung auch deswegen schwer, weil sie glauben, dass sie alle Informationen rund um die Entscheidung kennen sollten, aber das ist unmöglich: Wir werden nie alle Folgen unserer Entscheidung abschätzen können, das gilt umso mehr, je komplexer die Situation ist. Große Unternehmenslenker oder Politiker wissen um diese Problematik, wie die beiden folgenden Zitate zeigen:

„An irgendeinem Punkt muss man den Sprung ins Ungewisse wagen. Erstens, weil selbst die richtige Entscheidung falsch ist, wenn sie zu spät erfolgt. Zweitens, weil es in den meisten Fällen so etwas wie eine Gewissheit gar nicht gibt." Lee Iacocca, US-Automanager, 1924–2019)

„Es ist besser, unvollkommene Entscheidungen durchzuführen, als beständig nach vollkommenen Entscheidungen zu suchen, die es niemals geben wird." (Charles de Gaulle, französischer Politiker und Staatspräsident, 1890–1970)

Entscheidungen sind heute wichtiger, als sie es früher waren. Unsere Zeit unterscheidet sich von früheren Zeiten dadurch, dass wir in vielerlei Hinsicht überhaupt die Wahl haben. Unsere Lebensläufe sind nicht mehr durch Familie, Stand oder Kaste festgelegt. Wir können bestimmen, was wir aus unserem Leben machen, in welchem Beruf und wo wir arbeiten wollen, in welcher Stadt oder in welchem Land wir leben, ob wir einen Lebenspartner wählen und, wenn ja, welchen – und jeden Tag suchen wir aus einer Vielzahl von

Konsumgütern, Freizeitangeboten und Dienstleistungen aller Art die für uns passenden aus. In jedem Moment, in dem wir uns für etwas entscheiden, schließen wir andere Dinge aus. Wir sind also wahrscheinlich freier, als es jede Generation vor uns war. Diese vielfältigen Möglichkeiten sind ohne Frage ein Segen. Er kann aber auch leicht zum Fluch werden. Manchmal scheint unser Leben ein endloses Herumirren in einem Wald von Möglichkeiten zu sein. Vielleicht passt ein anderer Partner doch besser zu mir, vielleicht schaffe ich es in einem anderen Unternehmen, erfolgreicher zu sein, vielleicht sollte ich doch lieber nach Italien statt nach Sylt reisen … Diese Orientierungslosigkeit lässt sich nur beenden, wenn wir uns klar entscheiden. Und zu dieser Entscheidung auch stehen. Dann hat unser Kompass wieder einen eindeutigen Pol.

Die meisten Entscheidungen treffen wir unbewusst

Wie wir unsere Entscheidungen treffen, wurde in den letzten Jahren intensiv erforscht, allerdings ohne letzte Klarheit über die grundlegenden Motive und Entscheidungskriterien zu finden. Bis weit ins 20. Jahrhundert ging man davon aus, dass Menschen vollkommen rational entscheiden. Gefühle, so glaubte man, spielten nur eine untergeordnete Rolle. Doch was heißt schon rational? Wir sind kognitiv gar nicht in der Lage, Kosten und Nutzen jeder Entscheidung abzuwägen und dann die Alternative zu wählen, die die beste ist. Heute wissen wir, dass nur ein Bruchteil unserer Entscheidungen tatsächlich vernünftig getroffen wird, der größere Teil erfolgt unbewusst, und Gefühle spielen bei allen Entscheidungen eine wichtige, um nicht zu sagen die entscheidende Rolle.

Das macht es schwierig, denn Entscheidungen, und das gilt umso mehr, je fundamentaler sie sind, haben ganz unterschiedliche Facetten und lösen damit viele, oft auch widerstreitende Gefühle aus: Die Entscheidung für oder gegen einen Job ist oftmals auch die Entscheidung für die eine oder andere Stadt, vielleicht für das Führen einer Fernbeziehung oder den Umzug der ganzen Familie, eine andere Verteilung von Arbeit und Freizeit. Entschlüsse dieser Art können unsere Lebensgewohnheiten verändern und auch andere Menschen in Mitleidenschaft ziehen. Dazu kommt: Es gibt keine Entscheidung ohne Risiko: Bleiben wir bei dem Beispiel des Jobwechsels – wir wissen nicht, ob das Unternehmen, in das wir wechseln, in einem oder zwei Jahren noch besteht, ob die Position, die wir übernehmen, nicht vielleicht wegrationalisiert wird, wir nach dem Umzug in unsere neue Wohnung merkwürdige Nachbarn haben werden. Ein Schritt, der die Zukunft betrifft, ist immer ungewiss. Sollten wir nicht zu der geringen Zahl der „Risiko-Liebhaber" gehören, dann gehen wir lieber Unsicherheiten und Ungewissheiten aus dem Weg. Vorsicht heißt das Motto – und das liegt mit gutem Grund in der Natur des Menschen. Doch nicht vergessen: Keine Entscheidung und keine Veränderung anzustreben, stellt auch ein Risiko dar – wir wissen ja auch nicht, was passiert, wenn wir an der gleichen Stelle bleiben.

Am Anfang steht immer eine Entscheidung

Wenn Sie gerade vollkommen zufrieden mit Ihrer Lebenssituation sind und alles so bleiben soll, wie es ist, werden Sie dieses Buch vielleicht nicht lesen. Aber vielleicht haben Sie ja das Gefühl, dass Ihr jetziges Leben nicht das ist, was Sie eigentlich leben wollen, dass Sie mehr daraus machen könnten, dass Sie noch einen oder eine Vielzahl von unerfüllten Träumen haben? Dann hilft nur das Einschlagen eines neuen Weges. In zahllosen Geschichten und Episoden der Weltliteratur bricht der Protagonist auf in eine ihm fremde, aber anziehende Welt, es ist die klassische Heldengeschichte, denken Sie an Odysseus oder Parzival. Dazu muss er sich von allem freimachen, von allen bestehenden Bindungen lösen. Auf dem Weg wird er eine Vielzahl von Abenteuern erleben, die Grenzen seiner Kraft und Intelligenz ausloten, seine Bestimmung finden. Diese Heldenreisen sind typisch für jeden Lebensweg – wir wissen nicht, was uns erwartet, wir lösen Probleme, begegnen anderen Menschen, finden einen Platz im Leben. Und vor allem: Am Anfang jedes Weges steht eine Entscheidung: nach links, nach rechts oder geradeaus …

Ich will Ihnen im Folgenden einen kurzen Plan vorstellen, wie Sie sich das Treffen von Entscheidungen erleichtern können. Probieren Sie es einfach mal aus! Los geht's!

Der 10-Punkte-Plan für eine gute Entscheidung

1. Mit Verstand und Gefühl entscheiden!

Aus guten Gründen haben Menschen beides, Gefühl und Verstand. Das Geheimnis guten Entscheidens besteht darin, beide mitreden zu lassen. Einfach ist es, wenn eine Option klar besser erscheint als der Rest, Gefühl und Verstand den gleichen Impuls geben. Aber so leicht ist es nicht immer.

Fast jeder hat mal Lust auf Schokolade, obwohl sie dick machen kann. Jeder weiß, dass er arbeiten muss, obwohl er viel mehr Lust auf eine Reise hätte. Dann gilt es, Frieden zu stiften zwischen Gefühl und Verstand. Kopf und Bauch sollten am gleichen Strang ziehen. Das heißt: Gönnen Sie sich hin und wieder das, was Ihr Gefühl fordert, und halten Sie sich zurück, wenn Ihr Verstand sagt, dass es zu viel ist. Im Grunde wissen wir ganz genau, wo die richtige Mitte liegt.

2. Reduzieren Sie die Wahlmöglichkeiten!

Zwei Drittel unserer Kaufentscheidungen planen wir nicht, sondern treffen sie spontan. Das macht uns anfällig für Manipulation. Im Restaurant etwa geben wir mehr Geld aus, wenn in der Nähe für Kreditkarten geworben wird – weil uns so das Gefühl vermittelt wird, genug Geld zu haben. Und im Supermarkt verleitet ein sorgfältig durchdachter Parcours, der durch den ganzen Laden führt, zum Geldausgeben. Die Bremszone am Eingang drosselt unsere Geschwindigkeit, die Präsentation auf Augenhöhe soll auf selten gebrauchte Produkte aufmerksam machen (für die Dinge, die wir häufig benötigen, bücken und strecken wir uns ohnehin), auffällige Preisschilder lassen Schnäppchen vermuten (auch wenn sie den normalen Preis anzeigen). Auch dass wir durch viele Supermärkte gegen den Uhrzeigersinn geschleust werden, ist kein Zufall: Es sorgt für zehn Prozent mehr Umsatz, stellte ein Einkaufsforscher fest. In einem Supermarkt befinden sich ca. 10 000 Produkte, aber die unendlichen Wahlmöglichkeiten sind eher eine Qual: Kunden, die in einem Experiment 24 Sorten Marmelade probieren durften, kauften weniger als solche, die nur sechs testeten. Und sie

waren obendrein unzufriedener. Was für Kaufentscheidungen gilt, lässt sich auch auf andere Entscheidungen
übertragen. Besitzen wir die Wahl unter vielen Möglichkeiten, bekommen wir schnell das Gefühl, etwas falsch
gemacht zu haben. Oder wir können nicht klar bestimmen,
was uns am besten gefällt oder zusagt. Weniger ist also oft
mehr. Begrenzen Sie daher unbedingt die Zahl der Alternativen. Allein dadurch, dass wir nicht alle Alternativen in
Betracht ziehen, machen wir uns entscheidungsfähiger. Klar:
Bei Marmelade im Supermarkt ist das einfach – ich kann
mich auf eine bestimmte Marke festlegen oder auf eine oder
zwei Obstsorten. Wenn es um die Entscheidung für eine
bestimmte Schule für die Kinder oder einen Studiengang
und eine Uni geht, wird das schnell komplizierter. Doch
auch hier gilt: erst einmal alles ausschließen, was einem nicht
gefällt, und dann nach einem klaren Katalog (Kosten, Nähe
zu Wohnort, Qualität usw.) sich auf eine überschaubare Zahl
von Alternativen konzentrieren.

3. Lernen Sie den Umgang mit Fehlentscheidungen!

Jeder weiß, wie es sich anfühlt, eine falsche Entscheidung
getroffen zu haben. Manche bereut man ein Leben lang –
und schadet sich damit. Denn Studien zeigen: Reue kostet
Lebenszeit und -energie. Das geht sogar so weit, dass
negative Gefühle emotionalen Stress auslösen können, der
das Immunsystem schwächen kann. Daher ist es von großer
Bedeutung, den richtigen Umgang mit Fehlentscheidungen
zu lernen. Wie soll das aussehen? – Fehler sind doch
Fehler, werden Sie sagen. Viele Psychologen sind der Überzeugung: Fehlentscheidungen gibt es nicht. Auch wenn sich

Entscheidungen später als falsch herausstellen, gibt es in dem Moment, in dem wir sie treffen, häufig gute Gründe, warum wir sie getroffen haben. Später kann sich herausstellen, dass irgendwelche unerwartete Folgen aufgetreten sind, die wir zum Zeitpunkt der Entscheidung nicht gesehen haben. Das heißt: Die Entscheidung war damals richtig und wir sollten aufgrund später dazu gekommenen Wissens sie nicht als falsch deklarieren. Dazu kommt: Wir können aus jeder sogenannten Fehlentscheidung viel lernen, weil wir einen größeren Einblick in die Konsequenzen erhalten haben. Vor allem macht es keinen Sinn, sich anhaltend mit getroffenen Entscheidungen zu beschäftigen – sie sind getroffen worden und damit abgeschlossen. Wir können zu jeder Zeit neu entscheiden, um eine andere Richtung einzuschlagen.

4. Machen Sie sich die Ausgangssituation klar!

Bevor Sie mit dem Entscheiden loslegen, machen Sie sich am besten noch einmal die Ausgangssituation klar. Vor welchem Hintergrund steht Ihre Entscheidung? Wollen Sie diese freiwillig treffen oder reagieren Sie auf Druck? Und fragen Sie sich auch: Warum wollen Sie diese Entscheidung überhaupt treffen? Welche Lösungen erhoffen Sie sich von ihr? Beziehungsweise: Was ist das für ein möglicher Druck? Selbst gemacht? (Wenn ja, wodurch und warum?) Oder von außen herangetragen? (Von wem und warum?) Nicht zuletzt: Bis wann müssen Sie sie treffen? Was passiert, wenn es Ihnen nicht gelingt, sich zu entscheiden? Es hilft sehr, diese einzelnen Punkte aufzuschreiben, denn wenn sie diese Frage zu lange im Kopf bewegen, geraten Sie leicht ins Grübeln. Systematisch notiert, befreien Sie sich nicht nur aus Gedankenschleifen, Sie haben auch ein klares Bild vor sich und können morgen, übermorgen oder in einer Woche daran weiterarbeiten.

5. Folgen Sie Ihrer Intuition!

Meistens *haben* wir uns längst zu etwas entschieden, vor Tagen, Wochen, vielleicht schon vor Jahren, wir wissen es nur nicht, weil wir nicht danach handeln. Fühlen Sie einmal tief im Inneren nach, welche Vorhaben Sie schon lange vor sich herschieben. Spüren Sie Ihren alten Träumen nach – notieren Sie wieder in Ihrem Notizbuch, was davon unerfüllt ist, was Sie unbedingt noch machen, erleben, klären wollen. Ich bin überzeugt, Entscheidungen werden nur augenscheinlich „getroffen"; sie wachsen in uns, wir müssen sie nur zum Ausdruck bringen. Die meisten von uns haben kleine und große Träume, die sich regelmäßig melden, egal ob in der Dusche, beim Blick auf ihre alte Gitarre, in der dritten Urlaubswoche oder eben angesichts eines Reiseplakats.

6. Entscheiden Sie!

Sie müssen keine „endgültige" Entscheidung treffen – sondern irgendwann nur endgültig eine Entscheidung treffen! Sie können die Dinge in Ihrem Kopf hin und her wenden, solange Sie wollen. Bei vielen Fragen wird es *die* oder die *richtige* Entscheidung nicht geben. 100 Prozent Klarheit gibt es nicht: Sie werden niemals endgültig sicher sein. Deshalb: Entscheiden Sie – falsche Entscheidungen lassen sich korrigieren, aber nicht gefällte Entscheidungen werden Sie irgendwann vielleicht nicht wieder nachholen können. Das

Leben bestraft diejenigen, die zu spät kommen. Die Zeit für bestimmte Vorhaben ist irgendwann abgelaufen – deshalb verschieben Sie nichts auf später, auf das Alter, und machen Sie Ihren Entschluss nie davon abhängig, dass irgendwelche anderen Begleitumstände eintreten. Dann warten Sie unter Umständen Ihr ganzes Leben lang.

7. Wählen Sie nicht den einfachsten Weg! Aber vielleicht den zweiteinfachsten!

Es ist nichts Neues: Wir machen uns das Leben oft zu schwer. Je einfacher etwas zu sein scheint, desto weniger trauen wir ihm über den Weg und suchen nach der „richtigen", weil komplexen Lösung. Oft ist tatsächlich der einfachste Weg auch der beste Weg, das hat nicht nur Sherlock Holmes erkannt. („Schließe alle komplexen Faktoren aus und was dann übrig bleibt, muss die Lösung sein.") Wenn Sie also eine Entscheidung treffen müssen, dann gewichten Sie die zur Wahl stehenden Alternativen und greifen zu derjenigen, die für Sie die einfachste ist. Wenn Ihnen der einfachste Weg Magendrücken bereitet, ist das ein sicheres Zeichen dafür, dass Sie nach dem zweiteinfachsten Weg Ausschau halten sollten. Ich habe da viel von meinem alten Chef und Mentor Werner Böck gelernt, der sagt: Wähle nie den einfachsten Weg – sondern schaue dich nach etwas um, was du vielleicht noch nicht bemerkt hast.

8. Lassen Sie den Zufall helfen!

Immer schon beliebt und bewährt bei Entscheidungen: Eine Münze werfen oder sonst wie den Zufall zu Hilfe nehmen.

Denn manche Fragen sind einfach nicht zu entscheiden, weil die Listen der Argumente dafür und dagegen ungefähr gleich lang sind oder weil die Folgen der Entscheidung vielleicht gerade nicht miteinander vergleichbar sind. Bevor wir uns dann ewig mit der Frage quälen, ist es durchaus erlaubt, zu würfeln. Das ist der Ausnahmefall und entbindet uns nicht von der Selbstverantwortung, aber es kann uns aus einer Situation befreien, bei der wir glauben, dass wir in einer Sackgasse sind.

Es ist immer besser mit einer Entscheidung, ganz egal, wie sie getroffen wurde, glücklich zu werden, als sich auf der Suche nach der „richtigen" Entscheidung den Kopf zu zermartern. Keine Bange, falls Ihnen die Sache nicht ganz geheuer sein sollte: Wenn Ihr Münzwurf Ihnen eine Entscheidung bescheren sollte, die Ihnen absolut gegen den Strich geht, wird Ihr Bauch Ihnen das schon sagen. (Und Sie werden unbewusst nach Möglichkeiten suchen, den Versuch zu wiederholen, um ein günstigeres Ergebnis zu erzielen.)

9. Verpflichten Sie sich selbst!

Wie oft glauben wir am Abend eine endgültige Entscheidung getroffen zu haben und wachen am Morgen auf, und revidieren diese dann. Denken Sie nur an die Neujahrsvorsätze, mit denen ein für alle Mal mit schlechten Gewohnheiten aufgeräumt werden soll. Nächstes Jahr werde ich nie mehr rauchen, weniger Alkohol trinken, mehr Sport machen, weniger Fett und Zucker essen, eine große Reise machen, den Job wechseln, ein Buch schreiben. Wenn nicht gleich am nächsten Tag, spätestens aber in drei Monaten sind diese Absichten vergessen. Bis sie dann am 31. 12. des nächsten Jahres sich wieder in Erinnerung bringen. Wir sind nicht nur

Gewohnheitstiere, sondern auch Meister im Selbstbetrug. Was kann man dagegen tun?

Setzen Sie einen unumstößlichen Termin, formulieren Sie klar, was Sie genau unternehmen wollen und – machen Sie es öffentlich. Teilen Sie ihrer Familie und Ihren Freunden Ihre Pläne mit und fordern Sie diese auf, Sie daran zu erinnern, wenn Sie das nicht umsetzen sollten. Das funktioniert.

10. Befragen Sie Ihre Freunde, aber lassen Sie sich nicht von „Gutmeinenden" abhalten!

Wir neigen dazu, vor wichtigen Entscheidungen andere zu konsultieren, wir holen die Meinung unserer Freunde ein, lassen uns von Bekannten inspirieren, die vor ähnlichen Entscheidungen standen, suchen nach Vorbildern und Beispielen, und manchmal auch den Ratschlag von Profis. Dagegen ist nichts einzuwenden. Aber denken Sie immer daran: Es wird immer Bedenkenträger geben, die jeden Plan zerreden. Sorgen Sie also unbedingt für positive Unterstützer – Freunde, Arbeitskollegen, Coaches, die Ihre Entscheidung mittragen, nach dem Stand der Entwicklung fragen und Sie motivieren, auf dem einmal beschlossenen und eingeschlagenen Weg weiterzugehen.

Zum Schluss vielleicht noch dies: Der große amerikanische Schriftsteller Mark Twain meinte einmal, neunzig Prozent aller Befürchtungen, die er gehabt habe, seien nie eingetroffen. Deshalb sollte man den Fokus nie auf irgendwelche Bedenken legen, sondern einzig auf das Ziel. Eine wichtige Erkenntnis. Eine andere ist: Auch richtig Ziele setzen lässt sich trainieren.

Ziele richtig setzen – und erreichen

Ziele können uns motivieren, ein aktives, erfülltes Leben zu führen, uns zu entfalten und Erfolgserlebnisse zu sammeln. Wenn wir sie denn richtig wählen. Stecken wir uns zu hohe Ziele, erzeugen wir jedoch unweigerlich Frustration und Unzufriedenheit, wie eine neue Untersuchung empirisch belegt. Doch auch das Gegenteil bringt uns nicht weiter oder, wie der berühmte Dirigent Herbert von Karajan einmal sagte: „Wer all seine Ziele erreicht hat, hat sie wahrscheinlich zu niedrig gewählt." Unsere Ziele müssen zu uns passen.

Um die Bedeutung von Zielen für unser Leben zu klären, untersuchten die italienischen Ökonomen Marco Bertoni und Luca Corazzini den Zusammenhang zwischen zwei Fragen: „Wie zufrieden sind Sie derzeit mit Ihrem Leben insgesamt?" Und: „Wie zufrieden, denken Sie, werden Sie in fünf Jahren sein?" Als Grundlage diente ihnen das „Sozioökonomische Panel" des Deutschen Instituts für Wirtschaftsforschung, eine umfangreiche jährliche Befragung mit über 20 000 Teilnehmern.

Über zwölf Jahre hinweg sammelten die Wissenschaftler Erkenntnisse darüber, was die Befragten als Erfolge oder Enttäuschungen erlebten. Sie kamen dabei zu dem Schluss, dass Menschen, die ihre eigenen Ziele verfehlen, bedeutend unzufriedener sind als Menschen, die ihre Erwartungen erfüllen oder übertreffen. Es sei also der „Graben zwischen Wunsch und Wirklichkeit", der unzufrieden macht, so Bertoni und Corazzini. Und sie bestätigten dabei auch wieder den bekannten Gewöhnungseffekt, den ich ganz am Anfang vorgestellt habe. Selbst „erfolgreiche" Männer und Frauen sind nicht auf Dauer zufrieden. Kaum ist etwas erreicht, setzen wir uns neue, noch höhere Ziele. Wunsch und Wirklichkeit liegen wieder auseinander – ein Effekt, den Soziologen auch als „Selbstdiskrepanz" bezeichnen.

Erreichbar und realistisch – Wie finde ich eigentlich die richtigen Ziele?

Zufriedenheit ist nach Meinung der Wissenschaftler nur dann erreichbar, wenn die Latte nicht zu hoch gehängt wird: „Setzen Sie sich keine unerreichbaren Ziele."

Doch was ist ein realistisches Ziel? Welches Ziel passt denn zu mir?

Bei der zweiten Frage ist die Antwort für mich ganz klar: Setzen Sie bei Ihren Zielen bei Ihren Stärken an – quälen Sie sich auf keinen Fall damit, alle Ihre Schwächen kompensieren zu wollen, sondern machen Sie sich in dem stärker, was Sie sowieso schon gut können. Wenn Sie einen analytischen Verstand haben und Zahlen mögen, ist das Vorhaben, einen Roman oder Gedichte zu schreiben, wahrscheinlich schwieriger zu erfüllen als das Ziel, eine Controlling-Abteilung zu leiten. (Das heißt natürlich nicht, dass es unmöglich ist, aber auf dem Weg dahin kann es zu einer Menge Enttäuschungen und Frustrationen kommen). Leider habe ich nicht von Beginn an bei meinen Stärken angesetzt, ich musste das erst später lernen. Es hat in der Schule nicht funktioniert, aus einer Zwei in Englisch eine Eins zu machen. „Stärken stärken" wurde aber später zu einer meiner wichtigsten Devisen. Doch dazu später.

Oft sind unsere Ziele heillos unkonkret. Typische Beispiele sind Aussagen wie „Ich will mein Leben ändern" oder „Ich möchte abnehmen" oder „Ich suche mir einen neuen Job". Das bringt uns nicht weiter, weil es nur einen diffusen Plan formuliert. Wenn wir „das Leben ändern" möchten, brauchen wir ein klares Bild davon, was das bedeutet, was wir eigentlich genau anstreben und erreichen sollen. Wie also formuliere ich ein vages Gefühl in ein klares Ziel um?

Mir hilft einfaches Brainstorming immer weiter, wenn ich, was immer wieder vorkommt, nur eine vage Ahnung habe, was ich wirklich will, oder nicht in der Lage bin, ein eindeutiges Ziel zu bestimmen. In einem ersten Schritt schreibe ich alle Ziele, die ich mir vorstellen kann, auf. Wichtig ist, dass sie wirklich wörtlich fixiert werden, und genauso hilfreich ist es, das so konkret wie möglich zu machen. Egal, um was es geht, auch hier fange ich wieder mit meinen Stärken an: Welche Kompetenzen, Fähigkeiten, Erfahrungen habe ich, die mir bei dieser konkreten Frage weiterhelfen? Was bin ich bereit zu investieren, um dieses Ziel zu erreichen? In der Fantasie kann man durchaus etwas mehr riskieren als gewöhnlich. Also nicht nur die gängigen, bekannten Wünsche notieren, wie „Ich möchte gern im nächsten Jahr die Summe xy mehr verdienen", oder „In fünf Jahren bin ich in meinem Job um diese oder jene Stufe in der Karriereleiter hochgeklettert". Beim Brainstormen muss man auch mal spinnen und selbst die verrücktesten, anmaßendsten und überzogensten Ideen in Worte fassen. Und vielleicht ist da auch eine dabei, die gar nicht so abwegig ist, wie sie auf den ersten Blick wirkt. Manchmal ist es gerade diese Vision, die bei genauerer Betrachtung den Weg zu einem neuen Leben ebnet. Also die Schere im Kopf unbedingt ausschalten – lassen Sie einfach alle Gedanken und Wünsche und Vorstellungen zu. Aufschreiben und stehen lassen, nicht gleich durchstreichen, weil Sie glauben, dass Sie das sowieso nicht schaffen oder es zu unsinnig wirkt. Hinterfragen und Aussieben kommen später.

Beschäftigen wir uns mit unseren Zielen, beschäftigen wir uns immer auch mit unserer Vergangenheit, unserem Charakter und unserer Persönlichkeit. Bewusst Ziele setzen bringt uns bei der Selbsterkenntnis automatisch einen gehörigen Schritt weiter. Wollen wir das wirklich? Warum wollen wir das? Können wir das erreichen?

Wollen wir wirklich, was wir uns als Ziel setzen?

Das Leben ist kompliziert: Deswegen sollten wir beim Ziele setzen immer schön im Auge behalten, dass wir an alle wichtigen Faktoren denken, die unser Leben bestimmen. Wir bewegen uns in einem magischen Fünfeck, und keine der folgenden fünf Säulen wird ungestraft vernachlässigt. Checken wir also lieber genau, welche möglichen Folgen unser angestrebtes Ziel (und der Weg zu dessen Erreichung) auf folgende Bereiche hat:

• Gesundheit, Körper und Psyche
• Familie und soziale Beziehungen
• Arbeit und Leistung
• Besitz und Einkommen
• persönliche Werte und Lebenssinn

Jeder davon hat große Bedeutung in unserem Leben, auch wenn er je nach Persönlichkeit und Charakter unterschiedlich wertgeschätzt wird. Ziele stärken nur in Ausnahmefällen alle fünf Säulen gleichzeitig und gleichermaßen. Ich muss also wissen: Bin ich bereit, Abstriche in der einen oder anderen Hinsicht zu machen? Wenn ja, welche? So schön es auch ist, vom rasanten Aufstieg an die Unternehmensspitze, der Gründung einer glücklichen Familie und dem Erfolg als Schriftsteller zu träumen, nur unterbrochen von langen ausgedehnten Reisen – vergessen Sie es einfach. Psychologen (und im Grunde auch wir selbst) wissen: Unsere Willenskraft ist begrenzt. Und unsere körperliche Leistungsfähigkeit und unsere mentalen Reserven sind es auch. Deshalb lieber nicht zu viel auf einmal vornehmen. Gleichzeitig einen neuen Job anfangen, ein Haus bauen und ein Kind bekommen kann funktionieren, aber es könnte des Guten auch zu viel sein.

Viele Menschen hinterfragen nicht ernsthaft, welche Ziele sie sich setzen. Sie nehmen einfach die, welche gesellschaftlich erstrebenswert scheinen oder gut klingen, ohne wirklich zu überprüfen, ob sie zu ihrer eigenen Person und ihren Bedürfnissen passen. Dabei setzen sie sich einer vermeidbaren Gefahr aus: Denn wir scheitern oft, weil die formulierten Ziele mit unseren Werthaltungen nicht im Einklang sind. Auch daraus lässt sich einiges lernen – zumindest eines, nämlich dass wir entweder unsere Ziele oder unsere Werthaltungen ändern müssen. Beides ist möglich und beides ist machbar.

Ich habe meine Werte am Anfang ausgiebig beschrieben, wie ist es bei Ihnen? Stellen Sie doch einmal Ihre persönliche Wertepyramide auf: Ohne welche Dinge können Sie nicht leben? Wie wichtig sind Ihnen Familie und Freunde, ein gut bezahlter Job und ein eigenes Haus? Welchen Stellenwert hat für Sie Selbstentfaltung, Unabhängigkeit und Freiheit? Wie nötig brauchen Sie materielle Annehmlichkeiten? Bedeutet Ihnen Harmonie und Kreativität mehr als Erfolg und Aufstieg? Versuchen Sie einmal, die ganzen Faktoren, die für Ihr Leben bedeutungsvoll sind, zu formulieren und in eine Rangfolge zu bringen: Welcher Wert steht an erster Stelle? Was kommt danach? Auf was könnten Sie eventuell verzichten? Machen Sie sich klar, an welchen Menschen, Vorstellungen und Gedanken Sie besonders hängen, was Sie nicht vermissen wollen, was Ihrem Leben Sinn gibt. Und achten Sie darauf, inwieweit sich Ihre Ziele widersprechen: Wem Sicherheit, Komfort und Erfolg wichtig sind, sollte seinen Wunsch, ein Sabbatical einzulegen und eine einjährige Abenteuerreise zu starten, kritisch durchdenken. Warum will ich das machen? Was soll dabei passieren? Was will ich erreichen? Wie wird mein Leben nachher sein? Wer sich auf diesem Weg bewusst aus der Komfortzone entfernt, dabei feststellt, dass ihm Sicherheit, Planbarkeit, tägliche Routine und alle Annehmlichkeiten, die ein geordnetes Leben so mit sich bringt, nicht oder nicht mehr so wichtig sind, kann das ruhig machen. Wer nachher glaubt, problemlos wieder in sein altes Leben einsteigen zu können, sollte ein wenig vorsichtiger sein. Das gilt auch in anderer Hinsicht: Wem viel an Autonomie, Spontaneität, Selbstentfaltung und individuellen Spielräumen liegt, sollte vielleicht nicht unbedingt die Karriere in einem hierarchisch organisierten Großunternehmen in Angriff nehmen; wer klare Regeln und ein festes Einkommen braucht, ist als Künstler oder Selbstständiger möglicherweise fehl am Platz. Vielleicht, vielleicht aber auch nicht – denn manchmal bringen gerade unkonventionelle Kreative neues Leben in starre Unternehmensstrukturen, finden Menschen, die sich jahrelang um die Karriere gekümmert haben, Sinn in einem karitativen Projekt in Afrika oder auf einer Weltreise.

Schwächen akzeptieren, Stärken stärken

Um ein realistisches Ziel für mich zu setzen, stelle ich mir am Anfang jedes Mal die gleiche Frage: Was bringe ich bereits mit, um dieses Ziel, auch wenn es noch unkonkret ist, zu erreichen? Was brauche ich dafür? Was kann ich besonders gut? Organisieren? Improvisieren? Rechnen? Sprechen? Planen? Analysieren? Habe ich schon einmal etwas Ähnliches gemacht? Wo liegen meine Schwächen? Wie kann ich mich verbessern? Wen brauche ich dazu? Ich bin davon überzeugt, dass wir mehr an uns verändern und optimieren können, als wir glauben. Aber eben nicht alles. Wir können unseren Körper nicht beliebig trainieren und belasten, auch unseren kognitiven und intellektuellen Kräften sind Grenzen gesetzt. Familiärer Background, soziale Unterschiede, unsere Gene und vieles mehr legen uns in vieler Hinsicht fest. Viele äußere Widerstände und Hemmnisse kommen dazu. Einige Beschränkungen müssen wir akzeptieren. Annehmen zu können, dass die Natur uns bestimmte Limits gesetzt hat, ist ein wichtiger Lernprozess. Aber hinterfragen Sie lieber immer wieder einmal die vermeintlichen Grenzen, einige davon sind sicherlich dehnbar, und deshalb: Geben Sie sich nie mit den einfachen, leicht erreichbaren Zielen zufrieden. Think big! Riskieren Sie etwas!

Ich habe immer auf meinen Stärken aufgebaut, ich war mir klar, dass ich sehr gut rechnen kann und dass ich ein guter Controller bin. Ich bin entscheidungsfreudig und habe Lust und auch den Mut, Risiken einzugehen. Es fällt mir nicht schwer, andere Menschen kennenzulernen und soziale Beziehungen aufrechtzuerhalten, ich habe Lust, Neues zu lernen, und ich habe Sinn für Spaß und Humor, was ich auch anderen vermitteln kann. Ich kann mitreißen und begeistern. Ich wusste, was ich wollte, und diese Ziele zu erreichen, motiviert mich bis heute.

Nur Ziele, die zu uns passen und an die wir glauben, können uns richtig motivieren. Ziele, die aus unserem Innersten kommen und die nichts mit familiären Erwartungen und gesellschaftlichen Wertvorstellungen zu tun haben. Ziele, die wir uns selbst stecken. Oft ist es nicht leicht, hier zwischen innen und außen zu unterscheiden. Wir verinnerlichen laufend gesellschaftliche Wertvorstellungen und tun vieles, um diese zu erreichen, ohne dass wir sie jemals hinterfragt hätten. Dennoch: Go your own way! Stellen Sie sich bei jedem Ziel die Frage, ob Sie dieses Ziel erreichen wollen, weil Sie es selbst als erstrebenswert ansehen. Sind Sie es, der Karriere machen, das neueste Automodell kaufen oder Club-Urlaub auf Mallorca machen will? Oder haben Ihnen Lehrer, Kollegen, Marketing-Experten, Politiker oder wer auch immer das nur eingeredet?

Doch wie mache ich es richtig – wie behalte ich meine Ziele im Auge?

Notieren Sie alles – das entlastet den Kopf und legt Sie fest! Am besten, Sie halten Ihre Ziele schriftlich fest. Kaufen Sie sich ein Notizbuch und schreiben Sie „Ziele" darauf, speichern Sie Ihre Vorhaben in der Notizfunktion Ihres Smartphones oder hängen Sie ein buntes, selbst gemaltes Poster auf! Ganz egal. Aufschreiben hat einen doppelten Effekt. Dadurch, dass Sie sie formulieren, werden sie automatisch klarer, und: Ist etwas einmal aufgeschrieben, wird es verbindlicher, was dazu führt, dass man auf dem Weg zur Erreichung auch durchhält.

Packen Sie alles in kleine Pakete – dann behalten Sie den Überblick!

Wer nur große Ziele formuliert und diese nicht in viele kleine Schritte aufteilt, begibt sich in die Gefahr, das Hauptziel irgendwann aus den Augen zu verlieren oder nicht die ersten kleinen Schritte zu finden, die ihn in die richtige Richtung bringen. Deswegen: Lieber schön in kleine Häppchen, sprich Unterziele, aufteilen und vor allem eine zeitliche Komponente einbauen. Kurzfristig, mittelfristig, langfristig. Bei kurzfristigen Zielen brauchen wir vielleicht nur einen Monat oder maximal ein Jahr, bis wir sie erreicht haben. Mittelfristig sind Ziele dann, wenn sie für Zeiträume von einem bis zwei Jahre gesetzt werden. Langfristige Ziele bedürfen mehr als zwei bis drei Jahre zu ihrer Realisierung, das kann bei Immobilienkäufen, Unternehmensgründungen und anderen schwierigen Vorhaben auch zehn bis zwanzig Jahre dauern. Das ist für jeden zu lang, um es im Blick behalten zu können. Hier hilft es, einen möglichst präzisen Milestone-Plan zu machen, um den quasi unüberschaubaren Zeitraum in begreifbare Päckchen zu zerlegen.

Teilziele sind auch in anderer Hinsicht wichtig. Wir müssen nicht auf das Endziel warten, um Erfolg spüren zu können, wir können auch unterwegs bereits gewisse (Teil-)Erfolge feiern, wenn wir wichtige Zwischenziele erreicht haben. Denn wer mit der Belohnung wartet, bis er das große Abschlussziel erreicht hat, wird wahrscheinlich irgendwann die Motivation verlieren. (Konsequenterweise sollte das Nichterreichen von Etappenzielen aber auch eine „Strafe" nach sich ziehen. Ganz so einfach wollen wir uns es ja nicht machen.)

Große Ziele geben unserem Leben zwar einen Sinn und sie geben auch die Richtung vor – zum aktiven Handeln animieren sie meist aber nicht. Das Motivieren übernehmen die kurzfristigen Ziele. Diese kurzfristigen Ziele dürfen deshalb nicht zu groß sein: Sind sie zu ambitioniert und nicht realistisch erreichbar, verliert man schnell den Mut und gibt auf. Die langfristigen Ziele dagegen dürfen (und sollten sogar) herausfordernd sein.

Kurzfristige Ziele lassen sich am besten an den oben schon beschriebenen Stärken festmachen. Wenn das Hauptziel beispielsweise lautet: „Ich mache mich selbstständig", und ich vorher festgestellt habe, dass meine Stärken in schneller Auffassungsgabe, hohem Unternehmergeist und kreativen Ideen liegen, dann werde ich mich auf diese Eigenschaften konzentrieren. Vielleicht habe ich auf der anderen Seite Defizite in Verhandlungstechnik, Buchführung oder Mitarbeiterführung – hier reicht es, das zu akzeptieren und sich eine Person an Bord zu holen, der wir vertrauen und die sich damit auskennt. Es würde zu lange dauern und das ganze Vorhaben gefährden, wenn man beschließt, die Defizite selbst zu beseitigen, bevor man startet. Denn mit der Zeit lernen wir auch in Gebieten, in denen wir Schwächen zeigen, dazu und werden immer besser. In meinen Anfangsjahren wollte ich nie Reden halten, aber da das in meinen Funktionen unumgänglich war, habe ich immer weiter meine rhetorischen Fähigkeiten geübt. Heute macht es mir richtig Spaß, Vorträge zu halten und vor Menschen zu sprechen.

Sprechen Sie mit anderen darüber – dann bleiben Sie auf jeden Fall dran!

Wenn jemand anderes von unseren Zielen weiß, dann setzen wir in der Regel alles daran, sie auch zu erreichen. Ansonsten würden wir eine Niederlage eingestehen. Auch hier hilft es, bei großen Zielen regelmäßige (Zwischen-)Fortschrittsberichte abzuliefern: Wenn man z. B. einem Freund oder einer Freundin in Abständen von seinen Fortschritten berichtet, dann ist die Wahrscheinlichkeit groß, dass man nicht bereits nach kurzer Zeit aufgibt und die Verfolgung des Ziels einstellt.

Das SMART-Modell – so werden Ziele richtig formuliert

Eines der besten Modelle zur Formulierung von Zielen nennt sich SMART-Methode und ist – versprochen – überaus simpel: SMART steht für:

S = Specific (Spezifisch)
M = Measurable (Messbar)
A = Achievable (Erreichbar)
R = Realistic (Realistisch)
T = Time framed (Zeitrahmen)

Nehmen wir einmal kurz an, Sie hätten gerade festgestellt, dass Sie nicht mehr so fit sind, wie Sie noch vor zehn Jahren waren, und vielleicht ein paar Pfund zu viel auf den Rippen haben. Sie würden aber gern wieder besser in Form kommen und nicht dem Niedergang tatenlos zuschauen. Problem erkannt, was ist die Lösung?

Vielleicht formulieren Sie das jetzt in etwa so: Ich will fitter und schlanker werden. Ich schlage vor: Machen Sie es konkreter. Zum Beispiel so: Ich werde drei Tage Sport in der Woche treiben (Teilziel 1). Und: Ich werde in sechs Monaten fünf Kilo abnehmen (Teilziel 2).

Jetzt ist das Ziel in zwei Teilziele aufgespalten, die beide eindeutig und auch messbar sind. Will man es noch spezifischer machen, legt man genaue Kriterien fest, die jeden Fortschritt deutlich machen. Schließlich motivieren Fortschritte noch einmal zusätzlich.

Also sehen wir uns Teilziel 1 noch einmal genauer an: Zurzeit schaffe ich es, gerade einmal einen Kilometer zu laufen, bevor mir die Puste ausgeht. Ich werde meine Leistungsfähigkeit beim Laufen in einem Monat von einem auf zwei Kilometer steigern, im nächsten Monat dann auf vier. Ich beginne mit einer Geschwindigkeit von 7,5 Stundenkilometern und steigere mich Monat für Monat um 0,5 Stundenkilometer, bis ich zehn Stundenkilometer erreicht habe.

Und Teilziel 2: Ich wiege gerade 85 Kilogramm. Im ersten Monat nehme ich ein Kilogramm ab, im zweiten Monat wieder ein Kilogramm, und mache das so lange, bis ich achtzig Kilogramm erreicht habe.

Vorhaben, die nicht messbar sind, wie beispielsweise: „Ich möchte Fett verbrennen und einen definierten Körper haben", werden in den meisten Fällen nicht umgesetzt, da ein „definierter Körper" subjektiv ist und keine objektive Messung ermöglicht. Was für die eine Person als „definiert" gilt, ist für eine andere Person vielleicht „zu dünn".

Kommt mir dabei ein Ziel zu klein vor, weil es zu leicht erreicht werden kann, passe ich es einfach an. Versuch und Irrtum sind auch hier der beste Weg, um realistisch zu planen. Wenn es leichter geht, als ich dachte, laufe ich jetzt eben sechs Kilometer statt fünf. Und nehme zwei Kilogramm statt einem ab. Teilziele sind nicht in Stein gemeißelt. Die richtige Herausforderung entscheidet: Ist das Ziel zu locker zu erreichen, ist das Erfolgserlebnis oder der Stolz, es erreicht zu haben, dementsprechend ebenfalls klein. Also aufpassen: Wir machen oft den Fehler, zu schnell zufrieden zu sein, und verlangen uns zu wenig ab.

Wichtig und absolut notwendig ist das Setzen eines Stichtags für Start- und Endpunkt. Dem Ziel einen Zeitrahmen zu geben, sorgt für eine gewisse Dringlichkeit. So können wir das Ziel nicht länger aufschieben, sondern fangen sofort damit an.

Und jetzt sind Sie dran! Nehmen Sie ein Blatt Papier und schreiben Sie jedes Ihrer Ziele mit Hilfe der SMART-Methode auf. Außerdem sollte das Ziel in der 1. Person, positiv und im Präsens formuliert sein. Das Unterbewusstsein nimmt Sätze, die mit diesen „3 Ps" formuliert sind, am besten auf. Lesen Sie sich dieses Ziel ab jetzt jeden Morgen und Abend einmal laut vor!

Kontrollieren Sie Ihren Plan! Erreichen Sie Ihre Zwischenziele so, wie Sie dachten? Schneller, langsamer oder gar nicht? Wo könnte das Problem liegen?

Braucht man einen Plan B?

In der Regel ist es gut, einen Notfallplan zu erstellen. Was passiert, wenn ein kurzfristiges Ziel nicht erreicht wird? Wenn etwas schiefgeht, ist es dann noch möglich, das langfristige Ziel zu erreichen? Es wird immer schwerer, dieses Ziel zu erreichen, wenn wir keinen Notfallplan haben, der alle Abweichungen berücksichtigt.

Ich wollte zwei Kilo Gewicht pro Monat verlieren. Am Ende des Monats habe ich aber nur 500 Gramm abgenommen. Ist es noch möglich, das kurzfristige Ziel des nächsten Monats zu erreichen? Oder muss ich meine Strategie überdenken und etwas unternehmen, um wieder auf den richtigen Weg zu gelangen? Noch besser, als auf das persönliche Versagen zu warten, ist es, sich schon vor Beginn klarzumachen, was alles schiefgehen kann. Ich muss allerdings gestehen, dass ich im Großen und Ganzen immer ohne einen Plan B ausgekommen bin. Das bedeutet natürlich nicht, dass man dogmatisch an Zielen festhält, auch wenn man sieht, dass man sie nicht erreichen kann. Es ist wichtig, flexibel zu bleiben und immer wieder nachzujustieren.

Wenn ich aber mehr oder weniger planmäßig mein Ziel erreicht habe, ist es Zeit, Bilanz zu ziehen. Was ist gut gelaufen, was nicht? Wie geht es weiter? Ich versuche zu verstehen, was mich besonders motiviert hat und mit welchen geistigen oder körperlichen Eigenschaften ich das Ziel erreicht habe. Dies sind wertvolle Informationen für weitere Ziele, die ich mir später im Leben setzen werde. Und ich mache mir klar, was ich aus welchen Fehlern gelernt habe und wie ich diese in Zukunft besser vermeiden kann.

Wenn wir uns Ziele setzen und die nötigen Schritte einleiten, wird sich unser Leben nachhaltig verändern. Bleiben wir bei unserem Beispiel: Wir gehen jetzt regelmäßig laufen und verlieren an Gewicht, wir fühlen uns leichter und fitter als zuvor, und das tritt schon lange, bevor wir das Endziel erreichen, in Erscheinung. Diese Form der Veränderung haben wir selbst geplant, sie ist erwünscht und dementsprechend angenehm, weil wir sie selbst gestalten können. Aber das Leben kennt auch andere Veränderungen: Ereignisse, die von außen auf uns zukommen, unsere gewohnten Routinen aufheben oder zerstören können. Wir bewerten das negativ, denn die menschliche Natur tendiert dazu, an einmal gefundenen Gewohnheiten festzuhalten, solange sie mehr oder weniger gut funktionieren. Veränderungen, die von außen kommen, werden als störend oder als Problem gesehen, und häufig versuchen wir sie zu ignorieren oder uns dagegen zu sperren, was aber in den meisten Fällen nicht gelingt.

Dabei stellen sich mehrere Fragen: Warum genau haben wir ein Problem mit Veränderungen? Warum wehren wir uns gegen Veränderungen von außen, obwohl wir wissen, dass wir damit keinen Erfolg haben? Und warum stoßen wir nicht selbst öfter Veränderungen an, obwohl wir wissen, dass sie unsere Lage verbessern können?

Mit Veränderungen richtig umgehen

Für die großen Schriftsteller der Vergangenheit war die Wechselhaftigkeit des Lebens eine Selbstverständlichkeit.
So sagte Johann Wolfgang von Goethe: „Das Leben gehört dem Lebendigen an, und wer lebt, muss auf Wechsel gefasst sein."
Und Georg Christoph Lichtenberg spricht wahrscheinlich jedem Change-Manager aus der Seele, wenn er sagt: „Ich

kann freilich nicht sagen, ob es besser werden wird, wenn es anders wird; aber so viel kann ich sagen: Es muss anders werden, wenn es gut werden soll."

Veränderungen sind unausweichlich, das bedeutet aber nicht, dass wir einfach ihre Opfer werden. Denn wir können uns frühzeitig mit ihnen auseinandersetzen und so von ihnen profitieren. Denn „Veränderungen begünstigen nur den, der darauf vorbereitet ist", wusste bereits der Chemiker und Nobelpreisträger Louis Pasteur.

Alltäglich erleben wir kleine Veränderungen in unserer Umwelt: Die Kollegen wechseln, der Bäcker um die Ecke schließt, höhere Anforderungen werden an uns gestellt – was auch immer. Wir müssen uns permanent auf Neues einstellen, und das in steigendem Maße. Nie zuvor war das Leben so sehr vom Wandel bestimmt und so schnell wie heute. Egal, ob eine Veränderung von uns angestoßen werden müsste oder ob sie von außen kommt, Wandel erzeugt Probleme. Oder um es präziser zu sagen: Problematisch ist, dass wir zögern, Wandel selbst zu gestalten, oder dass wir Veränderungen rundweg ablehnen.

Warum viele Menschen Angst vor Veränderungen haben

Das führt dazu, dass wir häufig lieber Langeweile, Monotonie und Unglücklichsein in Kauf nehmen, als wirklich etwas in unserem Leben zu verändern. Ich stelle immer wieder fest, dass Veränderungen oft nur dann angestoßen oder toleriert werden, wenn es gar nicht mehr anders geht, die Schmerz-grenze also weit überschritten wird. Erst wenn wir mit dem Rücken an der Wand stehen, fangen wir an, uns zu bewegen. Oft gibt es davor einen langen Leidensweg.

Warum schieben wir den notwendigen Wandel so lange vor uns her? Weil Veränderungen jeder Art große Ängste aus-lösen. Bei dem einen weniger, bei dem anderen mehr. Das, was ich bereits kenne, gibt mir ein Gefühl von Sicherheit. Die alltägliche Routine, die vertraute Umgebung, stabile Beziehungen zu Menschen – wir wissen genau, was uns erwartet. Da wird sich monate- oder oft jahrelang jeden Morgen zu einem Arbeitsplatz geschleppt, der einem nur Verdruss bereitet, oder mit einem Partner gestritten, den man nicht mehr liebt. Selbst Warnsignale wie permanente Müdig-keit, Schmerzen aller Art und depressive Verstimmungen werden ignoriert und führen nicht dazu, dass man seine Situation grundlegend ändert.

Allein dieses Gefühl von Gewohnheit und einer vermeint-lichen Sicherheit hält uns fest. Egal, wie unbefriedigend es auch sein mag – das Bekannte scheint immer besser zu sein als alles Unbekannte, und zwar einfach deswegen, weil ich abschätzen kann, was mich erwartet, weil ich weiß, wie ich reagieren muss, wie ich mich schützen kann. Und noch eins kommt dazu: Wenn wir einen neuen Weg einschlagen und uns auf fremdes Terrain wagen, gehen wir unbekannte Risiken ein. Keine Ahnung, was dort alles geschehen wird. Schließlich kann mir niemand wirklich garantieren, dass es besser wird; es könnte ja alles noch viel schlechter werden! Also lassen wir es oft lieber gleich.

Unter uns: Wir sind Angsthasen. Wir neigen dazu, uns das Schlimmste auszumalen. Wir sind Großmeister der

Antizipation, vor allem darin, Risiken und Gefahren vorweg-zunehmen und uns auf das Schlimmste gefasst zu machen. Die Konsequenz ist also klar: Lieber bleiben wir bei unseren altbekannten Leiden, als dass wir zu neuen Ufern auf-brechen. Die Strategie, lieber beim Bewährten zu bleiben, ist tief in uns verwurzelt und wahrscheinlich auch das Erbe unserer Evolutionsgeschichte. Das Festhalten an Bekanntem bietet auf den ersten Blick mehr Überlebensvorteil als das Eingehen von Risiken. Wahrscheinlich haben unsere Vor-fahren nur dann die schützende Höhle verlassen, wenn die Nahrungsmittelreserven endgültig zu Ende gingen oder irgendetwas anderes sie zwangsweise hinaustrieb. Schließlich wusste man ja nicht, was draußen auf einen lauerte – feind-liche Krieger, Säbelzahntiger, Unwetter, Geister.

Wie man die Komfortzone verlässt

In dieser Hinsicht habe ich einfach Glück gehabt. Ich fühle mich einfach sicher in Situationen der Unsicherheit. Je anspruchsvoller und unberechenbarer die Lage ist, umso klarer und ruhiger werde ich. Ich habe das in hektischen Momenten im Berufsalltag gespürt, zum Beispiel bei wich-tigen Kunden, bei Konflikten mit anderen Menschen, aber auch in Situationen mit konkreter Gefahr. In Indonesien erlebten meine Frau und ich ein gewaltiges Erdbeben, und je chaotischer die Situation in den Straßen wurde, desto organisierter betrieb ich die Suche nach einer Möglichkeit, das Gefahrengebiet zu verlassen, was uns dann auch schließ-lich gelang.

Unsere Wahrnehmung ist zudem ein wenig schief:

Experimente belegen, dass wir viel empfindlicher auf Verluste reagieren als auf entgangene Gewinne. Es schmerzt uns deutlich mehr, einen (schlechten) Job zu verlieren, als einen guten Job zu verpassen. Wir wollen oft nicht daran glauben, dass es besser werden könnte. Wir sind auf Widerstände und Unannehmlichkeiten geradezu fixiert. Gute Gründe und Argumente gegen jeglichen Veränderungsvorschlag sind also immer ganz schnell gefunden. Das Einigeln im Vertrauten schützt zwar erst einmal perfekt vor Enttäuschungen und Verletzungen. Aber dadurch werden die möglichen Vorteile und Chancen einfach übersehen. Und selbst, wenn wir sie sehen können, haben wir Angst davor, dass es vielleicht doch noch anders kommen könnte. Dann hätten wir im schlimmsten Fall ja nicht mal mehr unsere Hoffnung auf ein besseres Leben. Vor dieser Enttäuschung müssen wir uns definitiv schützen, oder nicht? Dieser negative Blick auf die Welt wird leicht zu einer sich selbst erfüllenden Prophezeiung.

Vielleicht sagen Sie jetzt: „Okay, der Argumentation kann ich folgen, aber wie kann ich es schaffen, eine notwendige Veränderung anzugehen oder für mich zu nutzen?" Wie sieht eine konkrete Hilfestellung in dieser Hinsicht aus?

Dazu möchte ich vier Tipps geben, die mir auf meinem Lebensweg geholfen haben.

Tipp 1: Entkräften Sie das schlimmste Szenario!

Wie gesagt, wir neigen dazu, uns in schillernden Farben auszumalen, welche Bedrohungen und Gefahren uns erwarten und dass alles viel schlimmer ausgehen könnte, als wir denken. Wie wird man solche Gedanken wieder los? Psychologen raten, sich ganz offen diesen Ängsten zu stellen, sie zu analysieren und alle möglichen Konsequenzen zu erfassen. Fragen Sie sich also: Was ist das Schlimmste, das mir geschehen könnte? Was genau ist daran so schlimm? Wie hoch ist die Wahrscheinlichkeit, dass dieses negative Ergebnis wirklich eintritt? Schreiben Sie das so genau und detailliert auf wie möglich. So finden wir heraus, mit welchen hindernden Gedanken wir es genau zu tun haben, und lernen gleichzeitig auch wieder etwas über unsere Person und unsere Werte. Oft entdecken wir auf diesem Weg schon, dass das Schlimmste, das durch die Veränderung passieren könnte, weniger Unheil, Risiko und Gefahren birgt, als wir zunächst befürchtet haben. Ist dieses negative Szenario erst einmal beseitigt, sind wir einen erheblichen Schritt weiter.

Tipp 2: Visualisieren Sie das Positive!

Etwas im Leben anzupacken und zu verändern, braucht Kraft und eine optimistische Einstellung. Doch genau das fehlt uns sehr oft, gerade, wenn wir unzufrieden oder unglücklich sind. Belastende Situationen verlangen uns viel Energie ab; es ist so, als würde sämtliche Kraft abgesaugt. Woher also die Kraft oder die zuversichtliche Einstellung nehmen?

Mein Tipp dazu: Versuchen Sie ganz bewusst, zweiflerische, negative, pessimistische Gedanken zu stoppen. Wenn Sie merken, dass sich solche Gedanken in Ihnen ausbreiten – sagen Sie einfach Stopp und zwingen sich, an etwas anderes zu denken. Malen Sie sich im Gegensatz immer wieder ganz genau aus, wie die gewünschte zukünftige Situation sein soll, damit Sie mit ihr zufrieden sind. Stellen Sie sich vor, was Sie alles Schönes erleben werden!

Beschreiben Sie es möglichst genau oder malen Sie ein Bild davon. Schreiben Sie jetzt nur auf, was Sie wollen (und nicht, was Sie nicht wollen), auf was Sie sich freuen, und was Ihnen gut gefällt. Durch regelmäßiges Visualisieren lässt sich unser Geist, aber auch unser Körper, auf ein gewünschtes Ereignis programmieren. Indem man sich seine Ziele bildlich vorstellt, programmiert man sein Unterbewusstsein neu. Das ist alles, was sich hinter dieser Technik verbirgt. Aber sie ist wirkungsvoll. Visualisieren ist kein Wundermittel: Erwarten Sie nicht gleich, dass alle Wünsche wahr werden, weil Sie fünf Minuten täglich Ihre Ziele visualisieren. Visualisieren ist *ein* Werkzeug und nicht die Antwort auf alle Fragen. Sportler aber wenden diese Methode seit Jahrzehnten mit Erfolg an: Sie stellen sich vor einem Wettkampf bewusst vor, wie sie gewinnen oder einen neuen Rekord aufstellen.

Ich laufe zwar hin und wieder, bin aber kein geborener oder begeisterter Langstreckenläufer. Aber ich wollte unbedingt einmal in meinem Leben einen Marathon laufen. Wie auf alles in meinem Leben habe ich mich auch darauf akribisch vorbereitet. Ich habe mir vorgestellt, wie ich starte, welches Tempo ich laufe und wie ich die ganzen 42 Kilometer durchhalte. Und so war es dann auch – ich habe das Ziel erreicht. (Dieses eine Mal hat mir gereicht – ich werde in meinem Leben höchstwahrscheinlich keinen Marathon mehr laufen, aber ich bin froh, dass ich mir bewiesen habe, dass ich es schaffen kann.)

Unser Geist macht das automatisch, wenn wir etwas unbedingt haben oder machen wollen. Wir sehen es direkt vor uns – das Objekt der Begierde, von dem wir schon immer geträumt haben. Kinder nutzen instinktiv die Vorfreude auf ein Ereignis, um sich zu motivieren, und sie visualisieren ihre

Ziele regelmäßig. Je kleiner Kinder sind, umso besser funktioniert das – sie kennen noch keine Versagensangst, das wird ihnen erst später eingeredet. Im Grunde ist es nichts anderes als Tagträumen, nur eben auf ein bestimmtes Ziel gerichtet. Probieren Sie es doch einmal kurz mit mir aus: Stellen Sie sich vor, Sie sehen gerade Ihre neue Wohnung vor sich. Die Lage ist perfekt, die Küche ist so, wie Sie sie sich immer erträumt haben, die Möbel von ausgesuchten Herstellern, die Nachbarn überaus freundlich, vor der Garage steht Ihr neues Auto. Sie sitzen in Ihrem Sessel und werfen einen Blick über Ihren Balkon hin zum See und den Alpen. Später gehen Sie ein wenig schwimmen und dann zu einem wunderbaren italienischen Restaurant in Ihrem Viertel.

Wie unsere Vorstellungen unsere Realität prägen

Wie fühlen Sie sich dabei? Spüren Sie, wie Ihre geistige Einstellung sich sofort verändert? Und jetzt einen Schritt in die andere Richtung: Stellen Sie sich jetzt bildlich vor, wie sich Ihre Wohnung in einen Albtraum verwandelt. Die Einrichtung ist in einem erbärmlichen Zustand. An den Wänden sehen Sie Schimmel, das Bad ist ungeputzt, in der Küche funktionieren weder Herd noch Kühlschrank. Hinzu kommt, dass Ihr Nachbar Ihnen jeden Morgen beim Rasenmähen feindliche Blicke zuwirft. Gegenüber entsteht eine Baustelle, die Ihnen die Aussicht vollständig verbauen wird. Sie merken schnell, wie sich Ihre Stimmung abermals verändert – dieses Mal ins Negative.

Derartige Bilder und Gefühle beeinflussen uns mehr als nüchterne Vernunft. Denken Sie einmal daran, was passiert, wenn Sie etwas kaufen: Ohne Nutzen und Eigenschaften genau zu kennen, treffen Sie instinktiv eine Wahl. Sie wählen schneller, als Sie denken können. Warum? Weil Ihr Unterbewusstsein Sie leitet. Und dieses Unterbewusstsein wurde von Marketingstrategen durch Werbebotschaften mit verführerischen Bildern und schönen Worten schon für ein bestimmtes Produkt geprägt. Neuromarketing können Sie allerdings auch selbst machen: Denken Sie einfach daran, wie es sein wird, wenn Sie das bekommen, was Sie sich wünschen – träumen Sie! Malen Sie sich die Situationen und Lebenszustände genau aus, die Sie anstreben, und stellen Sie sich auch vor, wie Sie sich dabei fühlen werden. Wie werden Sie mit anderen reden? Wie wird Ihr Leben ablaufen? Was werden die Menschen über Sie sagen? Wo werden Sie wohnen? Werden Sie stolz oder selbstbewusst sein?

Regelmäßig wiederholen!

Der zweite wichtige Punkt beim Visualisieren ist die regelmäßige Anwendung. Genauso wie die immer gleichen Werbespots und Slogans uns jeden Tag im TV, Internet, Magazinen und auf Plakatwänden begegnen, um richtig wirken zu können, sollten Sie jeden Tag Ihr Ziel im Auge behalten. Einerseits, um sich zu motivieren, und andererseits auch, um sich immer wieder daran zu erinnern, was wir eigentlich wollen, denn nur zu leicht werden wir abgelenkt und verschwenden Zeit mit anderen Dingen. Die Wirkung des Visualisierens stellt sich oft erst nach Wochen oder gar Monaten ein – unser Unterbewusstsein ist ziemlich unflexibel und lernt langsam.

Gehen Sie nicht zu schnell dabei vor: Statt die einzelnen Bilder zu überfliegen, sollten Sie sich nur einige wenige Szenen aussuchen und diese möglichst realitätsnah in Gedanken ausführen (also auch im gleichen Tempo).

Tipp 3: Ändern Sie Ihre Sichtweise!

Durch Visualisieren können wir Dinge anders betrachten, neu sehen, die Realität nach unseren Wünschen formen. Eine Veränderung unseres Blicks auf die Welt bringt immer neue Einsichten. Mit mir hat vor längerer Zeit eine befreundete Psychologin ein kleines Experiment gemacht. Sie bat mich unvermittelt, aufzustehen und eine Minute im Kreis zu laufen. Nach dieser Minute sagte sie: „Lauf noch eine Minute weiter!" Nach dieser Minute: „Weiterlaufen!" Und 60 Sekunden später: „Noch weiter!" Sie wissen, worauf ich hinauswill, aber probieren Sie es doch selbst einmal aus: Was spüren Sie? Merken Sie, dass das Laufrad im Hamsterkäfig von innen betrachtet wie eine Leiter aussieht, dass von außen aber sofort sichtbar wird, dass wir auf der Stelle treten? Deswegen: Versuchen Sie immer wieder einmal, aus einer Außenperspektive auf Ihre Situation zu schauen. Was sehen Sie dann? Welcher Impuls entsteht durch den Wechsel der Perspektive bei Ihnen?

Wenn wir eine andere Wahrnehmung unserer Situation erreichen, dann haben wir – zumindest theoretisch – auch die Möglichkeit, daraufhin etwas grundlegend anders zu machen. Dazu brauchen wir Kraft, Energie, Mut, Selbstvertrauen, Fantasie und vielleicht noch eine Reihe anderer Eigenschaften. Aber wir besitzen all diese Eigenschaften, wir vergessen es nur leicht. Deswegen: Machen Sie sich bewusst, welche anderen Hürden Sie in Ihrem Leben bereits gemeistert haben! Sie werden überrascht sein, was Sie schon alles geschafft haben. Und Sie können das wieder schaffen. Sie müssen nicht gleich alles hinwerfen, den Job kündigen, die Wohnung ausräumen und allem Lebewohl sagen, sondern:

Tipp 4: Fangen Sie mit kleinen Veränderungen an!

Manchmal sind wir auch deswegen blockiert, weil uns die notwendigen Veränderungen zu groß und einschneidend erscheinen, was uns wiederum Angst macht. Oft braucht es gar nicht die ganz großen Veränderungen auf einmal. Bereits kleine Steine können einen Felsen ins Rollen bringen. Suchen Sie einen ersten kleinen Veränderungsschritt aus.

Wahre Innovation ist erst dann möglich, wenn man die Begrenzungen seines Lebens hinter sich lässt. Albert Einstein konnte die Relativitätstheorie erst dann entwickeln, als er einen Großteil der konventionellen Physik außer Acht ließ. Dick Fosbury revolutionierte den Hochsprung, indem er eine vollkommen neue Sprungtechnik entwickelte. Maler wie Kasimir Malewitsch, Pablo Picasso oder Jackson Pollock hinterfragten die traditionellen Weisen der Malerei und entwickelten vollkommen neue Stile wie den Minimalismus, den Kubismus oder Action Painting. Es gibt unzählige Beispiele, wie fruchtbar und gewinnbringend es ist, sich aus dem Rahmen der Konvention zu befreien. Dem karthagischen Feldherrn Hannibal wird der Satz in den Mund gelegt: „Entweder wir finden einen Weg oder wir machen einen." So wie Hannibal auf seinem Weg nach Rom die Alpen überqueren musste, können auch wir die von uns selbst oder die von außen gesteckten Grenzen überwinden. Wie das geht, fasse ich in einem 7-Punkte-Plan hier einmal zusammen.

Grenzen überwinden – wie geht das?

1. Etwas wirklich Neues machen

Wenn ich meine Grenzen überwinden will, muss ich etwas tun, was – für mich – wirklich neu ist, etwas, das ich vorher noch nicht gemacht habe. Wir konfrontieren uns mit etwas Unbekanntem, was immer das auch sein mag. Wir lernen eine neue Sportart, brechen zu einer Expedition in die Wüste Gobi oder nach Afrika auf, vielleicht verschulden wir uns, weil wir ein Haus kaufen wollen oder eine riskante Investition tätigen, die unser Leben durchgreifend verändern könnte. Vielleicht fangen wir in einer anderen Stadt oder in einem anderen Land in einem neuen Unternehmen an. All das kann schlaflose Nächte verursachen. Aber wichtig ist, dass man sich hier nicht von der eigenen Angst bremsen lässt. Ich bin zum Beispiel für vier Jahre nach Italien gegangen, ohne auch nur ein Wort italienisch zu sprechen. Das war der zweite Job nach dem Studium und ein großer Schritt. Klar, das kostet Überwindung, aber es hat sich gelohnt.

2. Sich der Herausforderung stellen

Jede Grenzüberwindung ist eine Herausforderung, aber wir können uns ein Bild von ihr machen. Wir können schon zuvor überlegen, was wir im Fall der Fälle machen. Wie gehe ich mit einer Niederlage um? Was ist, wenn ich komplett scheitere, irgendwann den Kredit nicht mehr bedienen kann, möglicherweise mein Haus verkaufen oder mein Unternehmen aufgeben muss? Auch in diesen Fällen gibt es Möglichkeiten

– selbst wenn alles schiefgeht, haben wir so viel gelernt, dass wir es das nächste Mal besser machen können. Es gibt das alte Sprichwort: Es ist keine Schande, hinzufallen. Es ist eine Schande, nicht wieder aufzustehen. Niederlagen dürfen wir nie persönlich nehmen. Es gibt so viele Gründe, warum etwas nicht so funktioniert, wie man sich das vorstellt.

3. Das Neue mit Leidenschaft vorantreiben

Grenzen zu überwinden, fällt uns leichter, wenn wir etwas tun, für das wir brennen, egal ob es um Erkenntnis, Besitzvermehrung, Erfahrung oder was auch immer geht. Und wenn wir, was unsere Ressourcen betrifft, auch tatsächlich in der Lage sind, diese Grenzen zu überwinden. Wir können nicht untrainiert einen Marathon laufen oder den Mount Everest besteigen. Die intensive Identifikation lässt uns oft vergessen, wie anstrengend und herausfordernd der Weg ist, den wir eingeschlagen haben. Oft tritt dieses Gefühl erst mit der Zeit auf – auch Läufer kämpfen mit dem inneren Schweinehund und quälen sich über die ersten Kilometer. Irgendwann werden aber durch das Laufen so viele Endorphine freigesetzt, dass wir das Runner's High erleben, das uns mühelos weiterlaufen lässt. Diese Erfahrung gibt es auch bei vielen anderen Tätigkeiten – auch bei intellektuellen, oft ist es schwer, die ersten Sätze auf ein leeres Blatt zu schreiben, irgendwann nach ersten Mühen geht es dann aber fast automatisch. Bei mir stellte sich das gleiche Gefühl auch beim Arbeiten ein – manchmal saß ich bis spät am Schreibtisch, um am nächsten Morgen wieder der Erste im Büro zu sein. Ganz nach dem Motto: Arbeiten macht Spaß, mehr Arbeit macht noch mehr Spaß.

4. Nur das machen, was man selbst will

Denke und handle außerhalb der Konvention. Ich habe immer darauf geachtet, mich nicht zu vergleichen. Die Ziele, Vorstellungen und Wünsche anderer Menschen sind nie exakt unsere eigenen. Messen wir uns mit anderen, bleiben wir in den Grenzen gefangen, die andere für uns gezogen haben. Genauso wenig werden wir Höchstleistungen erbringen, wenn wir nur handeln, um jemand anders zu beeindrucken oder einem anderen Menschen einen Gefallen zu tun. (Was natürlich nicht heißt, dass wir nichts für andere tun sollen: Anderen zu helfen und sie zu fördern ist eine wichtige, sinnvolle und Glück bringende Tätigkeit. Allerdings hat es keinen Sinn, etwas zu tun, nur weil man es bei anderen sieht, es gerade in Mode ist oder aus anderen Gründen, die außerhalb unserer Person liegen.) Wenn wir etwas verändern wollen und etwas Neues machen wollen, lautet auch hier wieder die Frage: Passt das zu mir? Will ich das wirklich? Dazu muss man sich immer wieder genau prüfen. Für mich zum Beispiel müssen Genuss und Gefahr immer in einem ausgewogenen Verhältnis sein. Ich habe einmal einen Tauchkurs gemacht und sofort – dreißig Meter unter Wasser – festgestellt: Das stimmt nicht für mich, das lasse ich in Zukunft. Aber herausfinden, ob etwas zu uns passt oder nicht, können wir nur, wenn wir es selbst ausprobieren. Nicht, wenn wir es nur bei anderen sehen.

5. Schnell entscheiden und handeln

Im Grunde wissen wir viele Dinge ganz genau: Unsere Intuition und unser Gefühl weisen uns den Weg, den wir einschlagen sollen. Diesem Bauchgefühl sollten wir folgen, also lieber schnell entscheiden und manchmal falschliegen, als eigentlich gute Ansätze durch dauerndes Grübeln infrage zu stellen. Oft zerredet unser inneres Team (in dem es ja immer Kritiker und Zweifler gibt) alles. Wenn wir lernen, mehr auf unseren Bauch zu hören und unser Gefühl entscheiden zu lassen, gewinnen wir viel.

6. Weniger kämpfen, dafür spielerisch und leicht bleiben ...

... ist eine wichtige Voraussetzung, um weiterzukommen. Oft verbeißen wir uns in bestimmte Themen, versuchen mit Druck unsere Ansichten durchzusetzen oder jeden Konkurrenzkampf zu gewinnen. Meistens ist das der falsche Weg. Wenn wir bestimmte Situationen als Spiel begreifen, wird es oft leichter. Nehmen wir als Beispiel Gehaltsverhandlungen: Wie oft habe ich Menschen getroffen, die mit dem Ausgang dieser Gespräche unzufrieden waren – „wieder habe ich nicht das bekommen, was ich gewollt habe", „ich habe zu wenig gefordert", „ich hatte die falschen Argumente". Besser ist es, solche und andere Verhandlungen als Spiel zu sehen, das bestimmten Regeln folgt. Deswegen: Testen Sie die Grenzen aus! Loten Sie die Persönlichkeit Ihres Gegenübers aus! Und schnell merken wir, sehen wir, dass wir unseren Spielraum Schritt für Schritt erweitern können.

7. Nur Geduld!

Grenzen werden nicht auf einen Schlag erweitert, sondern wir tasten uns langsam vor, machen Schritt für Schritt in eine Richtung, die uns meistens unsere Intuition vorgibt. Je mehr kleine Schritte wir machen, umso mehr Selbstvertrauen finden wir. Je mehr Selbstvertrauen wir haben, desto weiter entfernte Punkte können wir ansteuern. Die Grenzen ziehen sich also quasi von uns selbst zurück. Wir können nicht in einem Schritt zum CEO werden, aber wir können mithilfe klug gewählter Entscheidungen und der nötigen Zeit in den Vorstand aufrücken. Es ist ein bisschen wie im Schwimmbad: Erst lernen wir schwimmen, dann springen wir vom Beckenrand, später geht es vom Einmeterbrett über das Dreimeterbrett zum Zehnmeterbrett. (Nur Todesmutige und Menschen, die sich komplett selbst überschätzen, würden versuchen, beim Zehnmeterbrett anzufangen.) Hilfreich ist es immer, sich zu Beginn zu verorten: Wo stehe ich denn eigentlich? Ein guter Freund von mir spielte in der Eishockey-Nationalmannschaft. Er fragte mich einmal: In welcher Liga spielst du denn? Ja, gute Frage. In welcher Liga spielen wir denn: Kreisklasse oder Bundesliga? Oder Champions League? Und wohin wollen wir denn aufsteigen? Ich habe für mich immer gesagt, ich spiele mit Marc O'Polo in der Bundesliga und das ist eine Liga, in der ich bleiben möchte, gern im vorderen Drittel, wie Borussia Mönchengladbach, meine Lieblingsmannschaft. Ich will aber nicht in die Champions League und mit Hugo-Boss- oder Ralph-Lauren-Managern konkurrieren.

Wenn wir unsere kleinen Schritte gehen, wird unser

Umfeld uns oft warnen, dass das Risiko zu hoch ist, wir dieses oder jenes nicht schaffen werden usw. Es ist okay, sich das anzuhören und daraus Informationen darüber zu gewinnen, was auf uns zukommt. Aber auf keinen Fall dürfen wir uns dadurch von unseren Entscheidungen abhalten lassen.

Denn, wie gesagt, mit jedem Schritt kommen mehr Selbstvertrauen und, wie wir am Anfang schon gesagt haben, mehr Spaß. Natürlich kann man sich nicht immer aussuchen, was wir machen müssen. Aber die Kunst liegt darin, aus dem „Müssen" ein „Wollen" zu machen. Das klingt vielleicht erst einmal ungewohnt und komisch, aber in der Tat ist es so – viele Dinge, die ich anfangs als lästige Pflicht gesehen habe oder als nervige Routine abtat, konnte ich zu einer Herausforderung umgestalten, der ich viel abgewinnen konnte. Mir hat es zum Beispiel Spaß gemacht, das monatliche Reporting immer weiterzuentwickeln, bis ich am Ende das „perfekte" (für mich) Reporting erreicht hatte. Und damit komme ich zum vielleicht wichtigsten Punkt, wenn es darum geht, Neues zu erleben und Grenzen zu überwinden: Lernen ist die entscheidende Voraussetzung für unser Weiterkommen – zu jedem Zeitpunkt. Denn wie sagte schon der Philosoph und Schriftsteller Seneca: „Leben muss man ein Leben lang lernen."

KAPITEL 6

Mit Neugier, Disziplin und Spaß – wie man sich sein ganzes Leben lang weiterentwickelt

„

Wer ständig glücklich sein möchte, muss sich oft verändern.
(Konfuzius, chinesischer Philosoph
551 v. Chr. – 479 v. Chr.)

Lernen für das Leben

In der Schule hieß es bei mir immer: Wissen ist Macht. Und nichts wissen, macht auch nichts. Soll heißen: Ich habe mich in der Schule für nichts so richtig interessiert und war daher auch kein wirklich guter Schüler. Erst im Studium entdeckte ich, dass Lernen tatsächlich etwas bringt. Nicht nur, um Klausuren zu bestehen, sondern das ging viel weiter. Ich begriff: Wissen macht Spaß. Hat man das erst einmal für sich entdeckt, wird einem auch sofort klar, dass das Lernen nicht mit Schule oder Studium abgeschlossen sein sollte. Ganz im Gegenteil: Lernen kann man zu einer lebenslangen Beschäftigung machen. Dieser nachzugehen, ist für mich unglaublich befriedigend. Und sie trägt auch mehr Früchte als manch anderes Unternehmen. Dazu muss man eigentlich nur seine von Kind auf gegebene Neugier am Leben erhalten und sich von seiner Begeisterung für bestimmte Themen tragen lassen.

Doch der Reihe nach.

Zwischen Lernen und Glück besteht eine enge Beziehung. Es ist eine bedeutende Erkenntnis der Wissenschaft und ein echter Trost für alle, denen es schwerfällt: Lernen macht glücklich! Auch wenn die Lehrpläne in den Schulen, die sich leider über die Jahre kaum geändert haben, etwas anderes vermuten lassen und es auch viele Lehrer gibt (davon hatte ich einige), die sich alle Mühe geben, Kindern die Freude an der Auseinandersetzung mit Neuem zu vermiesen – im Grunde ist Lernen eine freudvolle Beschäftigung. Das spielerische Sich-Aneignen von Wissen und Kompetenzen macht Menschen in jedem Alter glücklicher und zufriedener – natürlich nicht die Tretmühle aus Auswendiglernen und regelmäßiger Leistungskontrolle.

Lernen macht glücklich und Glück lässt uns besser lernen

Dieser Zusammenhang zwischen Lernen und Glück wurde in diversen Untersuchungen immer wieder bestätigt, wie zum Beispiel in einer Umfrage des Happiness Instituts unter 2000 Menschen in Deutschland. Lernen macht in der Tat glücklich, aber es gilt auch umgekehrt: Wer glücklich ist, lernt auch gern. Lebensfrohe Menschen räumen dem Lernen eine größere Bedeutung ein als Menschen, die sich selbst als weniger lebensfroh bezeichnen. 69 Prozent der sich für lebensfroh haltenden Menschen bezeichnen sich auch als wissbegierig, bei den anderen sind es nur 50 Prozent. Und das unabhängig vom Alter. Doch das Anhäufen von Wissen um jeden Preis führt nicht automatisch zum Lebensglück. Das tut es nur dann, wenn es freiwillig geschieht: Während 75 Prozent der Erwachsenen über 30 Jahren Freude beim Lernen empfinden, sind es bei den 14- bis 29-Jährigen nur 53 Prozent – sie lernen überwiegend für Schule oder Ausbildung.

Wie lernen wir?

Entscheidend beim Lernen ist also, dass es nicht erzwungen wird (und natürlich die Begeisterung, die für mich der Schlüsselfaktor ist; zu der komme ich gleich im Anschluss).

Kleine Kinder lernen mit unglaublicher Geschwindigkeit laufen, sprechen und ihre Umwelt kennen – ganz ohne jede Unterweisung, einfach so, durch die Erfahrung, die sie in ihrer Umwelt machen und vor allem durch den Kontakt mit ihren Eltern, Großeltern oder ihren Spielkameraden. Die vielen unterschiedlichen Erfahrungen führen dazu, dass sich ihre Nervenzellen immer stärker untereinander vernetzen. Die rund 100 Milliarden Nervenzellen im Gehirn verarbeiten Informationen dadurch, dass sie sich diese gegenseitig in Form elektrischer Impulse zuspielen. Durch diese Impulsströme verändern sich die Verbindungen zwischen den Nervenzellen: Die Synapsen werden stärker. Diese Stärkung der Synapsen ist das, was wir als Lernen bezeichnen. Doch wo liegt der Zusammenhang zwischen Glück und Lernen?

Jedes Mal, wenn wir etwas Neues lernen, wird unser Belohnungssystem aktiviert. Das alles passiert im *Nucleus accumbens*, der auch Glücks-, Lust-, Belohnungs- und neuerdings auch

Lernzentrum genannt wird: Es ist die Stelle im Gehirn, an der Freude ihren Ausgangspunkt hat. Dieses Bündel von Nervenzellen im Vorderhirn wird etwa beim Essen, beim Sex und – wie man seit einigen Jahren weiß – auch beim Lernen aktiv. Dann sorgt es dafür, dass Endorphine ins Frontalhirn abgegeben werden, die ein Gefühl der Freude und Zufriedenheit auslösen. Mit diesem Genusszentrum hat uns die Natur deswegen ausgestattet, damit wir voller Motivation jenen Tätigkeiten nachgehen, die in erster Linie der Fortpflanzung und Weiterentwicklung unserer Art dienen. Die Ausschüttung von Endorphinen passiert immer dann, wenn wir etwas erleben, das besser ist, als wir erwartet hatten. Und so entsteht ein sich selbst verstärkender Mechanismus: Lernen bewirkt positive Gefühle des Glücks, was dazu führt, das weitergelernt wird, was wiederum neue Glücksgefühle auslöst. Je mehr wir lernen, desto besser lernen wir und umso glücklicher fühlen wir uns. Für mich ist permanentes Lernen unverzichtbar – nichts befriedigt mich mehr, als die Erfahrung zu machen, dass man mehr schaffen kann, als man sich selbst zutraut oder andere von einem erwarten.

Dass das heutige Schulsystem und das altbewährte Pauken mit diesem lustbetonten Lernen nur wenig zu tun hat, ist bedauerlich, denn vielen Menschen treibt dieses nicht dem menschlichen Wesen entsprechende Lernen die Lust auf Weiterbildung komplett aus. Denn lernen lässt sich eben nicht passiv: Je aktiver man mit den Lerninhalten umgeht, desto besser. Eine Vokabel gelangweilt vor sich hinzusagen, bringt nichts. Einfach nur dem Lehrer zuhören, führt nicht dazu, dass etwas hängen bleibt. Wer sich hingegen über eine Vokabel oder eine Formel Gedanken macht oder sich selbst Eselsbrücken baut, kann sich das vielleicht ein Leben lang merken. Neueste Forschungsergebnisse zeigen zudem, dass Aufschreiben besser ist als das Tippen am Computer. Doch der Hauptfehler liegt in der Defizitorientierung, die gerade in Deutschland – und das nicht nur in Schulen – zu finden ist. Das Augenmerk scheint immer dort zu liegen, was gerade nicht gut oder zufriedenstellend geleistet wird. Statt positiver Ermunterung wird vor allem Kritik geäußert. Oft gehörte negative Aussagen wie „Das kannst du sowieso nicht" sind das Schlimmste, was wir zu einem anderen und vor allem einem Kind sagen können. Immer nur mit dem konfrontiert zu sein, was man nicht kann, hält niemand lange aus.

Das Gehirn will trainiert werden

Wer sein Gehirn nicht benutzt, lässt es verkümmern – wie einen Muskel, der nicht gebraucht wird. In den letzten Jahren haben Neurowissenschaftler viel darüber gelernt, welche Faktoren beim Nachlassen unserer Geisteskräfte eine Rolle spielen und wie sich dieses Schwinden verhindern oder zumindest abmildern lässt. Sie haben festgestellt, dass Teile unseres Gehirns offenbar ein Leben lang Nervenzellen bilden – und dass es wohl viel formbarer ist als zuvor gedacht, also zu jeder Zeit neue Fähigkeiten erlernen und durch Schäden eingebüßte wiedererwerben kann. Das ist vielleicht eine der wichtigsten Erkenntnisse der Forschung aus den letzten dreißig Jahren: Das Gehirn ist nie fertig, es verändert sich unser ganzes Leben lang. Je mehr wir es fordern (und fördern), desto leistungsfähiger wird es. Und nur wenn wir es regelmäßig trainieren, bleibt es lange jung. Ein Beispiel: Im Vergleich zu Menschen, die nur ihre

Muttersprache sprechen, bekommen jene, die eine Fremdsprache beherrschen und auch gelegentlich verwenden, die
Symptome der Alzheimer-Demenz gute fünf Jahre später.

Gerade in unserer Zeit des schnellen Wandels ist es
nötiger denn je, zu lernen, sich auf neue Herausforderungen
einzustellen oder mit neuer Technik umzugehen. Nur das
sorgt dafür, dass wir nicht den Anschluss verlieren. Der
technische Fortschritt kann innerhalb eines Jahres unser
bisheriges Wissen ersetzen und unbrauchbar machen. Wer
hier nicht bereit ist, dazuzulernen, wird von der Konkur-
renz abgehängt. Das typische Beispiel ist heute die Digitalisierung. Kommunikation via Smartphone, Rechnungen mit
einem Klick bezahlen, Flüge online buchen – für die ältere
Generation ist oft schon die Bedienung eines Mobiltelefons
eine Herausforderung. Klar, wenn man so etwas noch nie
zuvor in der Hand hatte und dann auf einmal sofort verstehen soll, was sich hinter den kleinen bunten Kästchen
auf dem Bildschirm verbirgt. Meiner Generation wird es
irgendwann genauso gehen. Auch wenn wir mit Computern,
Smartphones und dem Internet großgeworden sind, werden
irgendwann neue Technologien auf den Markt kommen, in
die wir uns wieder einarbeiten müssen. Wer kann schon auf
Anhieb erklären, wie man in Kryptowährungen investiert,
wie Cloud-Computing funktioniert und was ein Quanten-
rechner macht. Wir müssen uns kontinuierlich damit auseinandersetzen. Das ist die einzige Chance, nicht den Anschluss
zu verlieren und auch später noch den Überblick zu behalten.

Ich bin immer wieder Menschen begegnet, die mich sehr
beeindruckt haben, weil sie noch im hohen Alter geistig
vital waren – etwa Musiker, die ihr Instrument meisterhaft
beherrschten. Oder Künstler, die jenseits ihres siebzigsten

Geburtstags noch bedeutende Werke erschaffen. Ich habe mich immer gefragt, was das Gehirn dieser Menschen jung erhält. Und was ich selbst tun kann, um das auch bei mir so lang wie möglich zu erreichen. Und irgendwann war mir klar: Wir haben es meist selbst in der Hand, uns bis ins hohe Alter fit zu halten. Wir schaffen durch unser Verhalten die Voraussetzung, auch im Alter gut und auch mit siebzig oder achtzig Jahren noch selbstständig leben zu können. Viel Bewegung, ein gesunder Umgang mit Stresssituationen und viel sozialer Kontakt sind wichtig, aber entscheidend ist ein lebendiges Geistesleben, in dem man stets offen für Neues ist.

Forscher konnten mithilfe von Gehirnscannern nachweisen, dass gerade das Erlernen neuer Hobbys positive Effekte auf die graue Substanz in unserem Kopf hat. Denn jedes Mal, wenn sich unser Denkorgan angeregt mit einer ungewohnten Aufgabe beschäftigt, entstehen, selbst noch bei Achtzigjährigen, neue Verbindungen zwischen den Nervenzellen – also jene winzigen Synapsen, über die Neurone miteinander kommunizieren. Immer wenn wir eine neue Fähigkeit einüben, verändern sich Nervenzellen, passen sich Areale im Gehirn an die neuen Anforderungen an. Durch geistiges Training kann das Altern des Gehirns wirksam aufgehalten werden. Ich sehe das bei meinem Vater, er ist jetzt 86 Jahre alt und geistig noch topfit. Mein Ziel ist es, hundert Jahre alt zu werden, und da wäre es natürlich schon toll, auch im hohen Alter noch selbstbestimmt leben zu können.

Doch wir müssen gar nicht so weit voraus ins Alter denken: Im Berufsleben ist Know-how die Eintrittskarte für fast jede neue Position. Insbesondere im Zeitalter der Arbeit 4.0, in dem Maschinen zukünftig viele Aufgaben übernehmen, dafür aber auch ganz neue Berufsfelder geschaffen werden, sind vielfältige Kompetenzen das A und O. Fort- und Weiterbildung sind für alle unverzichtbar. Ohne kontinuierliches Weiterlernen Erfolg zu haben, ist fast unmöglich geworden. Ich habe deshalb alle Fortbildungen genutzt, die ich bekommen konnte, und mir auf diesem Weg eine hohe Expertise angeeignet. Dieses Know-how kann ich heute als Aufsichtsrat wunderbar „verkaufen", also im Dienst der Unternehmen, für die ich tätig bin, einsetzen. Für alle, die erst am Anfang ihrer Karriere stehen, erhöht ein Mehr an fachlichem Know-how die Chancen, einen Job zu bekommen. Fortbildungen zeigen zudem auch, dass man motiviert ist, sich weiterzuentwickeln.

Und schließlich und endlich geht es immer darum, in sich selbst zu investieren, denn mit zunehmendem Wissen entwickeln wir auch unsere Persönlichkeit weiter.

Wenn wir lernen, verlassen wir unsere Komfortzone: Wir treffen uns mit fremden Menschen, begeben uns in neue Situationen und müssen uns auf ungewohnte Gegebenheiten einstellen. Alles Dinge, mit denen man innerhalb der eigenen Komfortzone eher selten konfrontiert wird.

Lernen stärkt auch unser soziales Netz: Wer viel weiß, kann mitreden. Wir können uns zwar nicht für jedes denkbare Gebiet profundes Fachwissen aneignen, aber schon ein paar Hintergrundinformationen und eine breite Allgemeinbildung sorgen dafür, dass wir an Gesprächen intensiv teilnehmen und so stärker in Interaktion mit anderen treten können. Davon profitieren wir, aber auch unser Gegenüber. Das ermöglicht uns, neue Kontakte zu schließen, und festigt soziale Beziehungen.

Darüber hinaus lehrt Wissen Bescheidenheit. Das berühmte Philosophenzitat „Ich weiß, dass ich nichts weiß" drückt diese Erkenntnis perfekt aus. Denn mit jeder neuen Erkenntnis begreifen wir, was wir alles nicht wissen. Mit jeder beantworteten Frage tauchen unzählige neue Fragen auf. Das klingt vielleicht für einige von Ihnen frustrierend, sollte es aber nicht sein: Lernen findet nie ein Ende. Und wer einmal begriffen hat, wie wenig er weiß, wird automatisch zu einer interessanteren Persönlichkeit, allein schon dadurch, dass er differenziert denkt und argumentiert. Ein Wissender ist niemand, der mit oberflächlichen Gewissheiten hausieren geht oder sich nur mit beruflichem Know-how in Szene setzt.

Warum Neugier so wichtig ist

Der größte Helfer auf unserem Weg zum lebenslangen Lernen ist unsere Neugier, die uns ja quasi in die Wiege gelegt wurde. Kinder sind von Beginn an neugierig. Die einen mehr, die anderen weniger. Bei einigen ist Neugier als Charaktereigenschaft fest im Wesen verankert, während sie bei anderen nur hin und wieder zu Tage tritt. Leider wird in unserer Gesellschaft Neugier eher negativ gesehen. Sie gilt eben als kindliches, „unkontrolliertes" Verhalten und wird mit negativen Redewendungen abgestempelt wie: Sich in fremde Angelegenheiten einmischen oder nach Dingen fragen, „die einen nichts angehen". Ich sehe das nicht so: Ich halte Neugier für eine überaus positive Eigenschaft, die uns weiterbringt. Und bei mir ist diese Neugier sehr ausgeprägt. Egal, wo ich gearbeitet habe, ich wollte immer alles genau wissen. Wie sieht das Geschäftsmodell des Unternehmens aus? Wie entstehen die Produkte? Wie funktioniert das Marketing?

Was entscheidet über einen effektiven Vertrieb? Wie denken und leben meine Mitarbeiter? Und immer, wenn ich mich in einem Job zu langweilen begann, habe ich sofort angefangen, etwas Neues zu machen. Noch heute stürze ich mich in neue Projekte und will mehr über die Welt erfahren. Ich gehe auf Podiumsdiskussionen (die ich eigentlich hasse) oder halte Vorträge (für Geld), was ich früher nie gemacht habe.

Ich mache das auch, weil ich weiß, dass die geistige Leistungsfähigkeit bereits ab dem 25. Lebensjahr abnimmt. Anfangs ist vor allem das Arbeitsgedächtnis betroffen, das uns unter anderem hilft, Rechenaufgaben zu lösen. Als Folge dieser mentalen Einbußen können sich Menschen zunehmend schwer konzentrieren. Später lassen auch andere Fähigkeiten langsam nach: Von ihrem 35. Lebensjahr an können sich die meisten beispielsweise nicht mehr so gut Namen anderer Leute merken. Wenn ich mich auf eine Rede vorbereite oder mir die Namen der Teilnehmer an einem Workshop merke, arbeite ich dieser natürlichen Entwicklung entgegen. Wer geistig fit bleiben will, tut somit gut daran, aufgeschlossen und wissbegierig zu sein.

Neugier ist die Basis der Motivation

Neugier leistet aber noch einen anderen wichtigen Beitrag: Neugier motiviert uns. Sie fördert die sogenannte „intrinsische" Motivation: Bei der intrinsischen Motivation motiviert sich der Mensch immer wieder selbst, sozusagen „von innen heraus". Er benötigt dazu keinen Anreiz von außen, weder Geld noch Statusgewinn, Aufmerksamkeit oder Bewunderung. Wer das bis ins Erwachsenenalter konservieren kann, also in bestimmter Hinsicht wie ein

Kind bleibt, ist meist nicht nur zufriedener im Berufsleben, sondern auch erfolgreicher.

Die meisten Menschen sind extrinsisch motiviert. Der Grund, jeden Morgen aufzustehen und den Weg zum Arbeitsplatz anzutreten, liegt für sie entweder in der Angst vor einer Bestrafung oder in der Genugtuung einer Belohnung, sei es Geld, Macht oder soziales Ansehen. Es ist also nicht die Begeisterung und die Lust am Entdecken, die sie antreibt, sondern es sind Belohnungen oder Bestrafungen durch andere. Das führt natürlich regelmäßig zu enttäuschten Erwartungen, Frustrationen und Burn-outs. Denn fällt die Belohnung weg, ist auch keine sinnvolle Tätigkeit mehr da, noch schlimmer ist es, wenn man gekündigt wird. Menschen, die aus sich heraus etwas leisten wollen, können dagegen sowohl Jobverluste wie ausbleibende Gehaltssprünge und Unsicherheit im Allgemeinen besser verarbeiten, weil ihnen das, was sie tun, eben Spaß macht.

Tipps, um die Neugier wieder zu entdecken

Doch mit welchen Tricks kann man die Neugier stimulieren? Und: Lässt sich eine mit der Zeit möglicherweise ein wenig verloren gegangene geistige Offenheit wiederbeleben? Experten geben eine Reihe von Tipps, die dabei helfen, das Interesse für Neues in sein Leben zurückzuholen: Um beispielsweise einen offenen Blick auf die Welt zu üben, empfehlen Psychologen nach dem Ungewohnten in Alltagshandlungen zu suchen. Etwa: Gibt es zum Beispiel ein Gericht, das man noch nie gekocht hat? Oder könnte man zum Beispiel eine immer gleich zubereitete Speise mit ganz neuen Zutaten oder Gewürzen noch einmal neu erfinden? Lässt sich auf dem Weg zur Arbeit einmal eine ganz neue Route oder ein anderes Verkehrsmittel benutzen? Gibt es auf diesem Weg etwas Neues zu entdecken? Zum Beispiel Bauwerke oder Geschäfte, denen man noch nie Aufmerksamkeit geschenkt hat?

Viele Menschen scheuen das Fremde und Unbekannte. Aber genau diesen Menschen rate ich: Machen Sie neue Erfahrungen! Und auch wenn die Komfortzone noch so angenehm ist: Brechen Sie aus Ihren Routinen aus und überwinden Sie sich. Dazu muss man nicht gleicht den Job kündigen, einen Survival-Trip durch Afrika machen oder einen Fallschirmsprung wagen. Wechseln Sie einfach den TV-Sender, fahren Sie woanders in den Urlaub als in den letzten zehn Jahren oder treten Sie einem neuen Verein bei. Sie werden sehen, dass Sie so Ihr Leben bewusster wahrnehmen, neue Erfahrungen machen und so sogar Ihre gefühlte Lebenszeit verlangsamen. Und vor allem: Holen Sie sich Inspirationen – in Büchern oder durch den Kontakt mit anderen Menschen.

Bücher lesen und auf Berater hören – eine wichtige Quelle der Inspiration

Bücher geben uns die Gelegenheit, an Erfahrungen teilzunehmen, die andere Menschen gemacht und zu Papier gebracht haben. Wir können in Romanen durch Zeit und Raum reisen, ohne unsere Wohnung verlassen zu müssen. Wir können alle denkbaren Orte der Welt aufsuchen, uns im alten Rom, im Mittelalter oder in der Belle Époque wiederfinden, wir können die Lebensgeschichten von großen

Künstlern und Wissenschaftlern lesen, wir können aber auch einfach unser Wissen erweitern und uns auf den neuesten Stand der Dinge bringen. Ich muss gestehen, dass ich kein großer Leser von Romanen, Novellen oder Gedichten bin. Aber ich lese jeden Monat ein oder zwei Sachbücher. Und zwar aus allen Gebieten, die mich interessieren. Das sind eher psychologisch orientierte Bücher wie zum Beispiel „Emotionale Intelligenz" von Daniel Goleman oder „Der Selbstentwickler" von Jens Corssen, dazu gehören klassische Managementbücher wie „Der Minuten-Manager" oder „Die Umsatzmaschine", reine Fachliteratur, aber auch philosophische Klassiker wie „Die Philosophie des Krieges" von Sun Tzu oder moderne Wissenschaftsbücher wie „Schnelles Denken, langsames Denken" von Daniel Kahnemann oder „Jetzt!" von Eckhart Tolle. Ich lese diese Bücher aufmerksam und mache mir handschriftliche Notizen und Zusammenfassungen der einzelnen Werke, die ich in den Jahren danach immer wieder zur Hand nehme und auch mit eigenen Erfahrungen ergänze. „Pedantisch" (positiv gemeint), wie ich bin, notiere ich mir auch jedes Mal das Datum, wenn ich diese Aufzeichnungen zur Hand nehme.

So begleiten mich die Bücher also mein ganzes Leben lang weiter.

Um ehrlich zu sein – mir bedeuten Bücher viel, aber noch wichtiger sind mir andere Menschen. Und von anderen Menschen habe ich auch mehr gelernt, als ich mir aus Büchern geholt habe. Deswegen kann ich jedem nur empfehlen: Holen Sie sich Berater an Bord. Coaches und Trainer sind ideale Sparringspartner, um neue Wege zu beschreiten. Hier geht es nicht darum, Verantwortung zu delegieren oder anderen die Entscheidung zu überlassen.

Es geht ausschließlich darum, einen neuen Blick auf die Welt zu bekommen, Aspekte zu sehen, die man vorher nicht gesehen hat. Und selbst, wenn das Gespräch mit dem Berater oder Coach in eine ganz andere Richtung zu gehen scheint, als sie ursprünglich wollten, Sie Ihrer bereits vorab gebildeten Meinung beziehungsweise Entscheidung treu bleiben, haben Sie dennoch vieles erreicht: Ihre Neugier trainiert, Ihr Allgemeinwissen erweitert und wichtige neue Kontakte geknüpft. Ich habe Seminare zu Kommunikation und Führung besucht, habe mich fachlich und persönlich coachen lassen, habe mehrere Workshops zur Persönlichkeitsentwicklung erlebt. Alle diese Aktivitäten haben mich wachsen lassen und viele davon haben meine Sichtweise stark beeinflusst oder geändert. Für mich besonders wichtig waren die Seminare von Professor Peter Warschawski, einem amerikanischen Psychologen, der mir auf einfache, aber überzeugende Art demonstrierte, welche Möglichkeiten in mir schlummern und wie ich meine Grenzen überwinden kann. Für mich war eine große Inspirationsquelle mein Coach Melania Sting, die mir ermöglicht hat, immer mehr über mich selbst zu erfahren, und mir eine große Menge neuer Wege eröffnete. Inspiration geben aber nicht nur Profis.

Wie Kinder uns inspirieren können

Wer sind die neugierigsten Menschen, die Sie kennen? Wahrscheinlich Kinder. Je jünger ein Kind, umso ausgeprägter ist noch sein Instinkt namens „Neugier". Eine der wichtigsten Fragen im Leben eines Kindes ist „Warum". Sie kennen diese Phase bestimmt, denn (fast) jedes Kind durchläuft sie irgendwann: Egal, was Sie sagen, es antwortet mit der Frage „Warum?". Dadurch werden Sie angehalten, über viele Dinge noch einmal völlig neu nachzudenken. Ich erinnere mich an die Stunden, die ich mit meiner Tochter und der Brio-Holzeisenbahn verbracht habe, immer wieder wurden neue Strecken gebaut und die Gleise auf kreative Weise zusammengefügt. Irgendwann passten die Gleise dann nicht mehr, um einen schönen Rundkurs zu bauen. Und immer wieder hieß es dann: „Warum geht das nicht?" Dann wurde weiter versucht und plötzlich hieß es: „Geht doch." In unserem Alltag blenden wir diese kreativen Lösungsmöglichkeiten zu schnell aus. Wir bleiben zu schnell in den gewohnten Bahnen und dem „Geht nicht" hängen. Deswegen sollten wir das „Warum"-Spiel auch hier einmal anwenden, gerade wenn es um unseren Job geht.

Wir halten viel zu oft an unproduktiven oder unlogischen Routinen, Abläufen und Traditionen fest. Versuchen Sie das Problem wie ein Kind zu sehen und suchen Sie nach unkonventionellen Lösungen – probieren Sie das einmal aus und schauen Sie, was passiert. Sie werden vielleicht fragen: Aber was passiert, wenn wir dann einen großen Fehler machen?

Nutzen auch aus Fehlern ziehen

Klar, niemand macht gern Fehler, und teure Fehler zweimal nicht. Aber Fehler können Sie auch machen, wenn Sie sich nicht weiterentwickeln und immer nur routiniert entscheiden. Und wenn wir keine Fehler machen, entgehen uns manchmal wertvolle Erfahrungen, von denen wir profitieren könnten.

Fehler stellen immer eine Quelle der Erkenntnis dar. Es gibt Unternehmen, in denen die Produktivität gerade dadurch erheblich leidet, weil die Mitarbeiter unglaublich viel Zeit aufwenden, sich nach allen Seiten hin abzusichern und Fehler zu vermeiden. Kreative Lösungen, Initiative und Innovation sind in solchen Umgebungen oft nicht zu finden. Qualität aber entsteht gerade dadurch, dass man aus Fehlern lernt, Innovation dadurch, dass man neue Wege beschreitet, ohne Angst vor dem Scheitern zu haben. Dazu braucht es eine Kultur, die nicht nach Schuld sucht, sondern bereit ist, Fehler zu verzeihen und als wichtigen Erkenntnisbringer zu akzeptieren. Aber nicht nur Fehler führen zu Innovationen und Veränderungen. Auch die Idee oder der Ansatz, Dinge besser machen zu wollen, sind eine gute Motivation für Innovation und Veränderung.

„Was ist eigentlich falsch gelaufen und was können wir besser machen?" ist eine Frage, die nicht nur helfen kann, störende Bedingungen und fehleranfällige Prozesse zu identifizieren, sondern auch zur Entdeckung ganz neuer Wege und Möglichkeiten führen kann. Eine offene, interessierte Haltung hat viele wichtige Entdeckungen der Vergangenheit ermöglicht. Eines der wohl berühmtesten Beispiele ist die Entdeckung des Penicillins. Alexander Fleming vergaß Petrischalen mit Bakterienkulturen, die er untersuchte, auf dem Labortisch. Bei seiner Rückkehr war die Nährlösung verschimmelt. Statt sich über diesen Fehler zu ärgern und die verdorbenen Schalen gleich zu entsorgen, schaute er genau hin und entdeckte, dass auch die Bakterienkulturen darin verschwunden waren. Durch weitere Untersuchungen wies er schließlich die bakterientötende Wirkung der Pilze nach und ermöglichte so die Entwicklung des Penicillins. Auch die Entdeckung von Gummi basierte auf einem „Fehler": Charles Goodyear suchte nach einer Kautschukmischung, die weniger hitze- und kälteempfindlich und daher vielseitiger einsetzbar sein sollte als das Rohmaterial. Beim Experimentieren tropfte aus Versehen etwas von der Mischung auf die Hitzeplatte neben seinem Labortisch. Auch er schaute neugierig hin und bemerkte, dass das erhitzte Material auf einmal elastisch war. Er hatte das Prinzip der Vulkanisation, bei der durch Hitze aus einer Kautschukverbindung Gummi entsteht, entdeckt.

Für mich war das nie eine Frage: Ich habe mich bei meinen Entscheidungen nie von Angst aufhalten lassen und bin dem Risiko, einen Fehler zu machen oder eine falsche Entscheidung zu treffen, nie aus dem Weg gegangen. Dazu habe ich mir immer wieder Aufgaben gesucht, für die ich, was meine Ausbildung betrifft, eigentlich nicht prädestiniert war. Wenn man als Controller begonnen hat, ist man ständig Vorurteilen ausgesetzt – nüchterner Zahlenmensch, der kann nur rechnen, der ist nicht kreativ. Und klar: Wenn man Neues macht oder anfängt, sich mit Dingen zu beschäftigen, die außerhalb der eigenen Disziplin liegen, macht man automatisch Fehler. Aber aus diesen Fehlern habe ich immer gelernt – und das hat mich am Ende zu einem erfolgreichen Manager gemacht.

Was heißt das für Sie? Denken Sie einmal darüber nach, etwas zu tun, was mit Ihrem bisherigen Leben wenig oder nichts zu tun hat. Also: Ein nüchterner Faktenmensch, der noch nie auf dem Tanzboden stand, profitiert besonders, wenn er Salsa tanzen lernt. Wer dagegen sowieso dauernd tanzen geht, ist besser dran, wenn er sich eine Fremdsprache aneignet, Schach spielt oder sich einer Theatergruppe anschließt. Finden Sie eine Beschäftigung, die Sie richtig begeistert.

Begeisterung ist wichtiger als Kampf

Begeisterung hilft uns, uns selbst zu motivieren und alles, was wir angefangen haben, auch lange durchzuhalten. Denn die besten Ideen kommen mir dann, wenn ich mit Begeisterung und Hingabe bei der Sache bin. Das Gehirn ist eben kein Gefäß, das einfach gefüllt werden muss. Es muss entzündet werden. Und wer begeistert ist und motiviert, der kann auch andere Menschen motivieren. Nur wenn wir anderen zeigen, dass wir an etwas glauben, oder ihnen vorleben, wovon wir überzeugt sind, können wir zum Beispiel Mitarbeiter zum Handeln anregen. Nur so kann es gelingen, andere zu beeinflussen oder zu „führen", ohne dazu Macht gebrauchen zu müssen. Wir müssen niemanden zwingen, etwas zu tun, wenn wir sie mithilfe der Begeisterung dazu bringen können, es gern zu tun. Begeisterung ersetzt den Kampf – mit Leichtigkeit gelingt uns mehr als mit mühevollem Durchbeißen. Das beseitigt viele Konflikte, nimmt Stress aus unserem Leben und trägt so auch zu unserer körperlichen und seelischen Gesundheit bei, die ja, wie wir wissen, ein ganz entscheidender Faktor für Glück und Zufriedenheit ist.

KAPITEL 7

Ein gesunder Geist in einem gesunden Körper – warum ein alter Satz gerade heute so wichtig ist

"

*Neun Zehntel unseres Glücks beruhen allein auf
der Gesundheit.
(Arthur Schopenhauer, deutscher Philosoph,
1788–1860)*

Gesünder ernähren

Ich ernähre mich seit Jahren vegetarisch und verzichte auf jede Art von Süßigkeiten. Und ich weiß, warum ich das tue – litt ich früher unter Akne und diversen Allergien, bin ich heute komplett frei davon. Diese Ernährung tut mir also gut, und auch das richtige Maß zu halten, fällt mir leicht. Natürlich trinke ich ab und an gern mal eine Flasche Wein und leiste mir hin und wieder einmal Kaviar und Austern. In der Regel reichen mir mittags Obst – am liebsten das, was die Saison gerade bietet – und abends ein leichtes Menü aus der Mittelmeerküche. Mozzarella mit Tomaten als Vorspeise und Penne arrabiata als Hauptgericht. Warum erwähne ich das hier?

Wir haben ja vorher schon erwähnt, dass körperliches Wohlbefinden ein wichtiges Ingredienz für Glück ist, und die richtige Ernährung trägt erheblich dazu bei, dass wir uns gesund fühlen. Und nicht nur das: Was wir essen, beeinflusst direkt unsere Psyche, unsere Emotionen und unsere mentale Leistungsfähigkeit.

Richtige Ernährung führt dazu, dass Körper und Geist, Organe und Immunsystem perfekt zusammenarbeiten. Im Umkehrschluss heißt das aber auch: Es sind die Ernährung und der Lebensstil, die für die meisten chronischen Erkrankungen weltweit verantwortlich sind – zu diesem Ergebnis kam zum Beispiel die 2019 erschienene Global-Burden-of-Disease (GBD)-Studie. In Zahlen gesprochen bedeutet das, dass siebzig Prozent aller chronischen Erkrankungen, wie z.B. Diabetes, Bluthochdruck, Herzkrankheit, Schlaganfall und Krebs, an denen die Menschen in Deutschland und der Welt zunehmend leiden, ihre Ursache in falscher Ernährung haben. Die Wissenschaftler stellten fest, dass nicht ein Zuviel an ungesunden, sondern ein Zuwenig an gesunden Lebensmitteln das Hauptproblem ist. Insbesondere Vollkorn, Obst sowie Nüsse und Saaten kommen bei den meisten zu selten auf den Tisch. Auch die empfohlenen fünf Portionen Obst oder Gemüse am Tag schafft kaum einer – dafür hat der Zucker- und Fleischkonsum deutlich zugenommen.

Zu viel vom Falschen

Aufgrund der enormen Auswahl an Nahrungsmitteln, der Lebensmittelsicherheit, der optimalen Lagerungs- und Kühlmöglichkeit hätten wir die Chance, so gut und gesund zu leben wie nie zuvor. Doch das ist leider nicht der Fall: Laut Statistiken der WHO lebt mittlerweile die Mehrzahl der Menschen in Ländern, in denen Übergewicht ein größeres

Gesundheitsproblem darstellt als Unterernährung. „Globe-sity" oder „Globadipositas" lautet der Fachbegriff dafür, ein neues Krankheitsbild, das sich überall auf der Welt ausgebreitet hat.

Das liegt in erster Linie an der veränderten Ernährungs-weise in den letzten Jahrzehnten, die trotz der gestiegenen Auswahlmöglichkeiten immer einseitiger und ungesünder wurde: zu viele Kohlenhydrate, zu viele ungesunde tierische Fette, viel zu viel Zucker, Salz und Zusatzstoffe – aber zu wenig Obst und Gemüse, Ballaststoffe und gesunde Fet-te. Auch richtet sich die Nahrungsaufnahme nicht mehr nach dem natürlichen Bedürfnis. Stattdessen wird heute quasi rund um die Uhr gegessen – sobald sich der kleins-te Appetit regt, wird dem nachgegangen. So kommt es zu vielen Snacks, obwohl die Studienlage heute eindeutig weiß, dass das „Drei-Mahlzeiten-Prinzip" gesünder ist und Über-gewicht in Schach hält statt der früher propagierten vielen Zwischenmahlzeiten. Dazu kommt noch: Die Größe der einzelnen Mahlzeiten ist extrem gestiegen – seit den 1950er-Jahren haben sich Portionsgrößen im Restaurant vervier-facht, das gilt auch bei der Zubereitung der Mahlzeiten zu Hause. Nicht selten hat schon eine Vorspeise durchschnitt-lich 1200 Kalorien – das entspricht ungefähr der Hälfte der empfohlenen täglichen Kalorienzufuhr. Wir essen heute also oft mehr, als wir verbrauchen. Immer günstiger werdende Lebensmittel in den westlichen Gesellschaften verstärken diese Entwicklung, denn ein niedriger Preis führt dazu, dass wir oft mehr kaufen und verzehren, als unser Hunger tat-sächlich verlangt. Dies könnte sich allerdings gerade durch die gestiegenen Lebensmittelpreise jetzt verändern.

Darüber hinaus folgt die Ernährung kaum noch dem Zyklus der Natur: Kamen früher nur saisonale und regionale Produkte auf den Tisch – also z. B. Kohl im Winter und Beeren im Sommer –, greifen die Menschen heute viel-fach auf Tiefkühlkost, Konserven, Instant-Erzeugnisse wie Kartoffelbrei oder sonstige Fertigprodukte zurück. Diese enthalten kaum Vitamine oder wertvolle Nährstoffe, dafür meist zu viel Zucker, Salz und Fett und eine Vielzahl schäd-licher Zusatz- und Aromastoffe, Geschmacksverstärker, Konservierungs- und Farbstoffe oder künstliche Süßstoffe. Die Beliebtheit so genannter Convenience-Erzeugnisse stieg nach Einführung der Ravioli-Dose in den 1950er-Jahren stetig. Viele ernähren sich heute noch so, als ob sie in Mangel-zeiten leben. Die Leibgerichte vieler Menschen sind immer noch Braten, Schnitzel und Gulasch (33 Prozent), gefolgt von Spaghetti, Lasagne und Spätzle (17 Prozent). Ganz weit hinten landen Salate und Gemüsegerichte (10 Prozent). Vegetarisch ernähren sich nur sechs Prozent der Bevölke-rung, wenigstens wächst hier der Anteil leicht. Die negati-ven Auswirkungen auf den Körper sind zwar ein wichtiger Aspekt, aber nicht der einzige. Auch unsere Psyche wird stark von dem beeinflusst, was wir essen. Mich macht zum Bei-spiel die italienische Küche regelrecht glücklich. Und das ist keine Einbildung. Denn wissenschaftliche Untersuchungen zeigen, dass Inhaltstoffe von Nahrungsmitteln direkt auf unsere Stimmungen einwirken können.

Wie Lebensmittel unsere Psyche beeinflussen

Sauer macht lustig, Schokolade macht glücklich. Eine ganze Reihe Sprichwörter weiß um die Bedeutung, die Essen für unsere Seele hat. Aber wie sieht glücklich machende Ernährung eigentlich aus?

Wissenschaftler haben dazu den Zusammenhang zwischen Ernährung und Depressionen erforscht. Depressionen und depressive Störungen zählen zu den häufigsten und am meisten unterschätzten Erkrankungen. Weltweit leiden schätzungsweise 350 Millionen Menschen darunter. In Deutschland ist das Vorkommen von Depressionen mit einem Anteil von 9,2 Prozent sogar etwas höher als der europäische Durchschnitt (6,6 Prozent), wie die Ergebnisse des European Health Interview Survey zeigen. Hinzu kommen im Jahr 2020 die psychischen Belastungen durch die Corona-Krise, die bereits vorher bestehende psychische Erkrankungen oftmals verstärkte.

Von Depressionen betroffene Menschen verlieren die Freude und das Interesse am Leben, sind allgemein lustlos, wollen keine Entscheidungen mehr treffen, sind manchmal regelrecht handlungsunfähig. Manche beklagen eher Gefühle von Gleichgültigkeit – andere fühlen sich innerlich unruhig, getrieben und leiden unter Ängsten. In der Regel lassen sich Depressionen nur mit geeigneten Therapien, manchmal auch Medikamenten, bekämpfen. Ernährung kann hier aber unterstützend wirken. Denn unsere Nahrung enthält nicht nur Kohlenhydrate, Fette und Proteine, sondern auch Nährstoffe, die die Neurotransmitter im Gehirn – die Glückshormone – direkt beeinflussen. Wenn bestimmte Nährstoffe fehlen, werden weniger Glückshormone gebildet. Das wirkt sich dann natürlich auf die Stimmung aus.

Wissenschaftler geben heute allgemeine Ernährungstipps
zur Vorbeugung von Depressionen:

• Richte dich nach traditionellen Ernährungsweisen wie
der mediterranen Ernährung.
• Erhöhe deinen Konsum an Obst, Gemüse, Hülsenfrüch-
ten, Vollkorngetreide, Nüssen und Samen.
• Ersetze ungesunde Lebensmittel durch gesunde und
nahrhafte Lebensmittel.
• Begrenze deinen Verzehr an verarbeiteten Lebensmitteln,
Fast Food, kommerziellen Backwaren und Süßigkeiten.

Außerdem kann man ganz bewusst einzelne Lebensmittel konsumieren, die sich positiv auf die Produktion von
Neurotransmittern auswirken: Bananen, Nüsse, Paprika
oder Karotten beispielsweise unterstützen die Produktion
des Glückshormons Dopamin. Gegen Serotoninmangel
können Kartoffeln, Fenchel, Feigen, Mandeln, Walnüsse,
Sesam, Kürbiskerne und Spinat helfen.

Die Mittelmeerküche

Ich esse nur zweimal am Tag – mittags nehme ich vor allem
Obst zu mir, abends gibt es dann „richtiges Essen". Das
bedeutet bei mir Salat, Kartoffeln, Tofu, hin und wieder
auch Käse, und dann natürlich Pasta. Im Grunde folge ich
der sogenannten Mittelmeerküche. Für mich ist sie das am
besten geeignete Ernährungskonzept. „Erfunden" wurde
von sie einem amerikanischen Ernährungswissenschaft-

ler, der gemeinsam mit Forschern aus Japan, Italien, den Niederlanden, Griechenland, Finnland und dem damaligen Jugoslawien die Beziehung zwischen Ernährung, Lebensweise und Erkrankungen in verschiedenen Ländern analysierte. Sie fanden heraus, dass hochwertige Oliven- oder Rapsöle, Hülsenfrüchte, Gemüse, Fisch, Obst, Heilkräuter, Schaf- und Sauermilchprodukte entscheidend unsere Gesundheit fördern können. Aber nicht nur die Qualität und Art der Ernährung ist wichtig, sondern auch der Zeitpunkt der Nahrungsaufnahme, das Fasten und die Entschlackung – alles Punkte, die vor allem in der Küche Asiens und der Mittelmeerküche (und hier besonders auf Kreta) zur Anwendung kamen. Diese Ernährung findet man auch häufig bei den Blue Zones, Gebieten, in denen viele überwiegend fitte Hundertjährige leben, wie beispielsweise auf der japanischen Insel Okinawa. Die Einwohner dort sind seltener von Herz- und Gefäßkrankheiten, von Demenz, Diabetes und verschiedenen Formen von Krebs betroffen als Menschen anderswo. Auch alte Menschen auf griechischen oder italienischen Inseln nehmen vor allem natürliche, überwiegend unverarbeitete, saisonale Lebensmittel zu sich und keine Fertigprodukte, fast nie zugesetzten Zucker und kaum Weißmehl, dafür viel Obst, Gemüse, Nüsse sowie frische Kräuter, viele Ballaststoffe und komplexe Kohlenhydrate (z.B. aus Vollkornprodukten, Reis, Mais, Hirse oder Süßkartoffeln), wenig Fisch und kaum Fleisch und wenig Milchprodukte.

Entscheidend bei diesem Ernährungskonzept ist die niedrige Zufuhr von Fleisch. Das kommt nur alle 14 Tage auf den Tisch, und dann vor allem Geflügel, Wild, Ziege oder Lamm. Wer sich überwiegend pflanzlich und vielseitig im Rhythmus der Natur und der eigenen inneren Uhr ernährt und darauf achtet, nicht über die Sättigung hinaus zu essen, hat schon viel gewonnen.

Ein anderer Faktor ist aber auch wichtig – es geht beim Essen (wie auch bei vielen anderen Dingen) darum, Maß zu halten. Das heißt, nicht immer mehr zu essen und auch nicht häufiger als notwendig. Es gibt keinen Grund, eine zweite Portion Nachspeise zu bestellen oder öfter als dreimal am Tag zu essen.

Mäßigung und Maßhalten haben in unserer Zeit einen antiquierten Beigeschmack. Sie klingen nach Spaßbremse, Verzicht und Askese. Dennoch sind sich viele Philosophen und Wissenschaftler darüber einig, dass gerade in unserer Zeit der unendlichen Möglichkeiten es gar nicht ohne Maß- halten gehen kann. In der Konsumspirale des Immer-mehr sind Gesundheit, Zufriedenheit und Glück nur zu erreichen, wenn man verzichten lernt.

Das Stichwort hier – und für mich der ganz entscheidende Beitrag zu einem glücklichen Leben – ist die Balance, die Mitte zwischen den Extremen: weder Askese noch Verschwendung. Diese Balance zu finden und zu halten, ist eine Kunst, die man sein ganzes Leben weiterentwickeln kann. Auch bei einem anderen wichtigen Einflussfaktor auf unser Glück, Bewegung und Sport, neigen wir oft zum Exzess in der einen oder anderen Richtung. Entweder wir bewegen uns gar nicht und verbringen die meiste Zeit sitzend im Büro, Auto oder in Meetings, nehmen selbst für wenige Stockwerke den Lift, oder wir versuchen, Höchst- leistungen zu erbringen, und laufen mehrere Marathons im Jahr. Auch hier ist weder das eine noch das andere mein Pro- gramm: Ich bin zwar auch schon Marathon gelaufen, muss aber sagen, dass einmal gereicht hat. Ich ziehe eine regelmäßige Bewegung auf einer niedrigeren Intensitätsstufe vor. Deswegen gehe ich mehrmals in der Woche Tennisspielen. Die Entscheidung, welche Art von Sport man treibt, muss natürlich jeder selbst treffen. Aber unbestritten wichtig ist, dass man sich überhaupt bewegt. Ich liebe es zum Beispiel, jeden Tag zu schwimmen. So fängt jeder Tag gut an – allein um dieses Gefühl genießen zu können, hat sich der Bau meines 25-Meter-Pools schon gelohnt.

Warum Bewegung so wichtig ist

Seit meiner Jugend spiele ich Tennis und ich werde das auch nicht aufgeben, bis ich siebzig Jahre alt bin. Eigentlich will ich sogar mit achtzig Tennis spielen. Und am liebsten noch in der Bundesliga (was eigentlich auch klappen sollte, die meisten anderen sind wahrscheinlich dann schon tot). Die Bewegung an der frischen Luft und der Austausch mit meinen Tennisfreunden steigern meine Lebensqualität. Ich bin nicht der Typ, der gern wandern geht, der Wettbewerb motiviert mich einfach mehr. Für mein Wohlbefinden ist Bewegung unverzichtbar. Klar, als Manager in leitender Funktion mit einem hohen Maß an Fremdbestimmung lassen sich Pausen für Sport und Bewegung nur selten einbauen. Aber gerade dann sind sie umso wichtiger. Und machen wir uns nichts vor: Joggen oder Laufen geht überall, auch auf Geschäftsreisen, vor oder nach dem Meeting, und die meisten Hotels haben Fitnessräume und Pools, die man auch in den Abendstunden oder ganz früh am Morgen aufsuchen kann.

Bewegen wir uns nicht, bauen wir – gerade mit zunehmenden Alter – kontinuierlich ab. Die Blutgefäße verengen sich, die Durchblutung wird schlechter, die Atmung immer flacher. Der Organismus nimmt immer weniger Sauerstoff auf und kann ihn dazu noch schlechter zu den Organen und dem Gewebe leiten. Wie gesagt, das bedeutet nicht, dass Sie gleich Hochleistungssport treiben sollen. Denn Wissenschaftler haben gezeigt, dass intensives Ausdauertraining wie zum Beispiel ein Marathonlauf in den folgenden drei bis fünf Tagen eben auch zu einer höheren Anfälligkeit für das Auftreten von Erkrankungen und Infekten führt. Das Ganze nennt sich „Open-Window-Phänomen". Die vorübergehende Schwächung des Immunsystems öffnet ein Zeitfenster, in dem Mikroorganismen eine erhöhte Chance haben, den Körper zu befallen und uns krank zu machen.

Die schlichte Einsicht lautet also: Bewegungsmangel ist ebenso ungesund wie übertriebener Einsatz. Ideal, auch wenn es trivial klingt, ist eine maßvolle, aber regelmäßige Körperbelastung: schnelles Gehen, leichtes Laufen, kräftiges Schwimmen, schnelle(re)s Radfahren, Gymnastik jeder Form. Dadurch werden die Gefäße erweitert, die Durchblutung wieder erhöht und der Sauerstoffgehalt steigt stark an – die Abwehrkräfte des Körpers nehmen wieder zu. Bei körperlicher Belastung (und beim Tennis besonders) wird zudem Adrenalin ausgeschüttet. Das Hormon bewegt Abwehrzellen dazu, sich schneller zu vermehren, und aktiver zu werden. Auch so verhindert man Erkältungen und Infektionen jeder Art auf wirkungsvolle Weise.

Wie bewege ich mich richtig?

Alle Trainingseinheiten, die uns nicht sofort an das Leistungslimit bringen, sind gut, sanfte Ausdauer-Sportarten sind ideal: Sie stärken nicht nur Herz und Gefäße, sondern auch unsere Immunabwehr. Beim Joggen, Fahrradfahren und Schwimmen etwa kann das Tempo individuell gewählt und so die Belastung selbstständig in einem angemessenen Rahmen gehalten werden. Schwimmen und laufen lässt sich zudem an vielen Orten, Jogging hat darüber hinaus noch den großen Vorteil, dass man es mit ganz anderen Zwecken verbinden kann. Ich habe mir hin und wieder einen Sight-Jogger gebucht, der mich beim Laufen durch die Stadt über die wichtigsten Sehenswürdigkeiten aufgeklärt hat. Das habe ich zum Beispiel in Moskau und Rom gemacht.

Was das richtige Tempo und die richtige Dauer betrifft, empfiehlt es sich unter Umständen, einen Herz/Kreislauf-Check-up zu machen, um herauszufinden, wo das persönliche Leistungslimit liegt und welche maximale Herzfrequenz angesteuert werden kann. Aber auch viele Fitness- und Lauftrainer können mit Ihnen ein perfektes Trainingsprogramm konzipieren. Denn das „richtige" Training gibt es so nicht: Es kann immer nur individuell festgelegt werden. Es ist abhängig vom Trainingszustand und muss immer wieder neu angepasst werden. Auf die Dauer bringt es nichts, wenn wir jeden Tag bei gleicher Geschwindigkeit die gleiche Strecke laufen. Der Körper hat sich nach spätestens sechs Monaten daran gewöhnt. Hier ist es wie mit unserem Geist – wir brauchen immer wieder neue Reize, neue Herausforderungen, um uns weiterzubringen. Heute sprinten, morgen langsam eine längere Strecke laufen, übermorgen dann Intervall-Training – die Abwechslung macht's.

Die positiven Auswirkungen von Bewegung auf die Gesundheit sind so groß, dass die WHO heute körperliche

Bewegung geradezu einfordert: „… wird empfohlen, dass die Menschen zeit ihres Lebens ein adäquates Ausmaß [an körperlicher Aktivität] aufrechterhalten mögen. Für unterschiedliche gesundheitliche Konsequenzen bedarf es unterschiedlicher Arten und Ausmaße an Bewegung: mindestens 30 Minuten regelmäßige körperliche Bewegung moderater Intensität an den meisten Tagen senkt das Risiko für Herzkreislauf-Krankheiten und Diabetes, Darmkrebs und Brustkrebs".

Doch wie schaffe ich es, mich zu motivieren?

Nach einer Krankenversicherungs-Studie bewältigen nur 43 Prozent der Befragten nach eigenen Angaben das empfohlene Mindestmaß an körperlicher Aktivität. 20 Prozent der Deutschen machen überhaupt keinen Sport. Gehören Sie auch dazu?

Das Problem ist – wie so oft – auch hier die Motivation: „Mach doch mal mehr Sport!" ist leicht gesagt. Aber wie überwinde ich den inneren Schweinehund? Am Anfang steht immer die Erkenntnis der Notwendigkeit und der Wille zur Veränderung. „Ich will gesünder und leistungsfähiger werden." Sportarten gibt es viele, und jeder kann etwas finden, was ihm Spaß macht. Wer keine Lust zu schwimmen hat, wird vielleicht mit Rudern glücklich oder mit Federballspielen. Wer keine Neigung zu Tennis oder Krafttraining verspürt, sollte sich nicht dazu zwingen. Nur wenn der Sport zu einem passt, lässt sich die dauerhafte Motivation aufbringen, weiterzumachen, auch wenn es manchmal anstrengend und unangenehm wird. Setzen Sie sich auch hier wieder klare

Ziele, was Sie erreichen wollen, und legen Sie am besten gleich los. Warten Sie nicht auf die Neujahrsvorsätze. Je konkreter unser Plan ist – Sie erinnern sich an die SMART-Methode –, desto erfolgreicher wird das Trainingsprogramm werden. Ohne feste Zeitfenster, an dem wir uns mit unserem Laufpartner treffen oder das Fitness-Studio besuchen, wird es nicht gehen. Und immer daran denken: Bewegung lässt sich mühelos in den Alltag einbauen. Treppen statt Aufzug, Fahrrad statt Auto …

Klare Ziele, Freunde, die gemeinsam mit uns trainieren, und wie immer ein wenig Selbstdisziplin helfen uns dabei, weiterzumachen, auch wenn das Wetter mal schlecht ist, wir meinen keine Zeit zu haben oder welche anderen Ausflüchte wir sonst finden. Denn auch beim Training wird es Krisen und Rückschläge geben, die leicht den Gedanken entstehen lassen: Bringt doch alles nichts. Doch: Tut es. Es dauert nur ein wenig. Also: Nicht aufgeben! Machen Sie sich Ihre Motivation und Ziele immer wieder bewusst und kämpfen Sie weiter. Denn es lohnt sich.

Warum Sport uns zufriedener und glücklicher macht

Wie beim Essen gilt auch bei der Bewegung: Sie stärkt nicht nur unsere körperliche Gesundheit, sie beflügelt auch Geist und Seele. Das berühmte Wort vom „gesunden Geist in einem gesunden Körper" bekommt so noch einmal eine erweiterte Bedeutung:

• **Sport kann uns in einen rauschartigen Zustand versetzen, der uns schweben lässt. Möglich wird dies durch die Ausschüttung von Endorphinen, zu der es aufgrund** der Bewegung kommt. Diese Endorphine verhindern, dass wir Schmerzen wahrnehmen, indem sie uns Glücksgefühle bescheren. Das steckt hinter dem berühmten Runner's High der Läufer. Dieser Effekt tritt früher auf, als wir glauben. Wir müssen dazu keinen Marathon laufen, schon nach einer Stunde langsamen Laufens ist die Endorphin-Konzentration im Blut deutlich erhöht. Wer schneller läuft, erreicht den Punkt früher.

• Ein weiterer Glücksfaktor ist der Kick für das Selbstbewusstsein. Bei Kindern lässt sich das gut beobachten. Auf Bäume klettern, von einem Beckenrand zum anderen tauchen, auf dem Fahrrad balancieren: Schon kleine Kinder zeigen gern, was sie alles können. Und man kann förmlich sehen, wie ihr Selbstbewusstsein dabei wächst. Dieses Doping für unser Selbstvertrauen können wir uns als Erwachsene auch holen. Besonders schnell geht das bei Sportarten, bei denen man selbst kleine Leistungssteigerungen gut messen kann (z. B. Laufen, Radfahren, Schwimmen).

• Sport regt unsere Gehirntätigkeit auch dadurch an, dass wir mit anderen interagieren: Bei Teamsportarten wie Fuß- oder Volleyball verständigen wir uns permanent mit den anderen Mitspielern – eine weitere Fitnessübung für die kleinen grauen Zellen. Dass das Hirn umso besser in Schwung ist, je öfter es für Sport gebraucht wird, ist heute wissenschaftlich erwiesen. Forschungen an der Heinrich-Heine-Universität in Düsseldorf etwa haben gezeigt, dass junge Erwachsene, die begannen, regelmäßig zu joggen, bereits nach einigen Wochen ein besseres Gedächtnis hatten. Übrigens gilt dies auch für Menschen, die bereits die sechzig überschritten haben.

Sport vertreibt Sorgen und baut Stress ab

Sport hilft auch bei der Problemlösung oder zumindest der Verdrängung. Während der immer gleichen Laufschritte beim Nordic Walking oder der wiederkehrenden Arm- und Beinschläge beim Schwimmen kann man hervorragend in sich gehen, sich gedanklich auf ein Thema konzentrieren und Lösungen überlegen. So sagt der Mediziner Eckart von Hirschhausen: „Sport machen und gleichzeitig Sorgen machen geht schlecht. Wer laufend an etwas denken muss, geht am besten laufen, da hört das auf."

Wer also abends nach der Arbeit schlecht abschalten kann und sich sogar im Bett mit Gedanken an den Job quält, sollte einmal probieren, zwischen Arbeitsschluss und Abendessen eine Runde Sport einzulegen. Um so richtig Dampf abzulassen und sich dann wieder entspannen zu können, sind gerade Sportarten mit vielen gleichförmigen Wiederholungen ideal.

Denn sobald ich mich bewege, habe ich das Gefühl: Wenn ich will, kann ich etwas bewegen. Und das überträgt sich dann auf andere Bereiche und unser Leben als Ganzes.

KAPITEL 8

Kunst, Musik und Reisen – was zählt sonst noch auf der Reise zum Glück? Und wie es weitergeht

Die Kunst ist zwar nicht das Brot, wohl aber der
Wein des Lebens.
(Jean Paul, deutscher Dichter, 1763–1825)

Jetzt habe ich viele Seiten über das Erreichen von beruflichem Erfolg, über den hohen Stellenwert von sozialen Beziehungen, die Notwendigkeit lebenslangen Lernens und die Bedeutung der geistigen und körperlichen Gesundheit für unser Glück und unsere Zufriedenheit geschrieben. Alle diese Punkte sind notwendig, aber sie reichen nicht aus. Was wir brauchen, ist etwas, das uns unser ganzes Leben hindurch auflädt, was uns zu innerem Reichtum verhilft.

Reichtum ist, das denken zumindest die meisten von uns, eine Frage des Bankkontos. Und es wäre eine Lüge, wenn ich sagen würde, dass mir mein Haus in Rosenheim und alles, was ich mir bisher in meinem Leben leisten konnte und immer noch leisten kann, nicht wichtig wären. Es ist ein befriedigendes Gefühl, ausgesorgt zu haben. Und ich freue mich weiterhin über jeden Zuwachs meines Depots und über jedes neue Aufsichtsratsmandat. Aber Reichtum ist mehr, es ist etwas, das ich in mir fühle. Denn am Ende entscheidet vielleicht doch nicht, ob ich in einem großen oder einem kleinen Haus wohne, ob ich einen Porsche oder einen Mercedes fahre. (Mir zum Beispiel reicht auch ein kleines Elektroauto, das ich mir gerade gekauft habe.)

Was mich viel mehr bereichert, und womit ich in den nächsten Jahren noch viel Zeit verbringen werde, sind Kunst und Kultur. Ein wenig um Besitz geht es auch hier wieder: Ich ärgere mich bis heute, dass ich nur zwei „Marilyns" von Andy Warhol gekauft habe und nicht gleich zehn. Am liebsten würde ich alle besitzen. Aber noch ist ja genug Zeit, mich mit Kunst zu beschäftigen, und ich kann mir gut vorstellen, dass die Auseinandersetzung mit Kunst, das Sammeln von Bildern und Kunstgegenständen der wahre Inhalt meines Lebens werden wird, wenn ich ein bestimmtes Alter überschritten habe. Denn irgendwann endet jedes aktive Berufsleben, und dann ist es gut, wenn wir etwas haben, das unser Leben erfüllt. Um uns weiterhin glücklich und zufrieden fühlen zu können, brauchen wir neue Inhalte. Wie diese aussehen, bleibt natürlich jedem selbst überlassen: Wir können uns für ein Studium an einer Hochschule einschreiben, uns einen kaputten Oldtimer kaufen und ihn wieder instandsetzen, ein Handwerk lernen, karitativ tätig werden oder um die Welt reisen. In unserer Zeit sind die Möglichkeiten unerschöpflich und in den meisten Fällen besitzen wir als Sechzig- oder Siebzigjährige noch ausreichend Gesundheit und Fitness, um das alles schaffen zu können.

Ich habe meine Entscheidung in dieser Hinsicht bereits getroffen. Für mich sind es – neben meiner Tätigkeit als Aufsichtsrat, die ich gern noch lange fortsetzen möchte – die Malerei, die Musik und das Reisen, denen ich mich im Alter noch mehr widmen möchte als jetzt. Was diese drei

Beschäftigungen miteinander verbindet, ist ihr Erlebnischarakter. Der Besuch einer Ausstellung oder ein Konzert sind einmalige Ereignisse, die man nicht beliebig oft wiederholen kann. Und auch das Naturerlebnis oder die ersten Eindrücke einer Stadt kann man nicht beliebig wiederholen. Diese Einzigartigkeit des „Konsums" von Kunstwerken, Besuchs von Konzerten und vielen Reisen sorgt für oft unwiederholbare individuelle Erlebnisse, die unsere Sinne in vielfacher Weise ansprechen. Wir sehen, hören und manchmal schmecken und riechen wir Dinge, die wir vorher so noch nicht wahrgenommen haben. Es ist also eine sinnliche Herausforderung und es ist das Erleben von Neuem, zwei fundamentale Einflüsse auf unser Glücksempfinden.

Musikgenuss, Reiselust und Kunstsammelleidenschaft

Müsste ich aus diesen drei Leidenschaften eine auswählen, würde ich mich wahrscheinlich für die Kunst entscheiden. Ich weiß, dass viele meiner ehemaligen Kollegen (und Manager im Allgemeinen) mit Kunst nichts oder zumindest nicht übermäßig viel anfangen können, in ihrer Wertehierarchie kommt erst das Business, dann die Familie, der Erwerb von Statusmerkmalen und dann lange nichts. Das ist schade, denn so verpasst man vieles.

Kunst bereichert unser Leben ungemein. Und dabei denke ich nicht nur an bildende Kunst und Skulpturen in Galerien, spektakuläre Ausstellungen, Konzerte und Festspiele oder die großen Museen und Opernhäuser der Welt. Natürlich macht es unglaublich Freude, die Salzburger Festspiele zu besuchen oder eine Aufführung einer Oper von Richard Wagner zu hören, genauso wie es ein unvergessliches Erlebnis ist, den Prado in Madrid, die Eremitage in St. Petersburg oder den Louvre in Paris zu besuchen.

Doch wir müssen gar nicht unbedingt diese exklusiven Momente erleben, es ist auch nicht unbedingt nötig, viel Geld zu investieren, um Kunst genießen zu können. Denn Kunst umgibt uns dauernd und überall. Auch in dieser Hinsicht sind unsere Gesellschaft und unsere Zeit privilegiert. Architektur, Produktdesign, Mode und Fotografie – viele von uns werden das eine oder andere Kunstwerk sogar bei sich zu Hause finden. Was immer das ist – ein Gemälde, ein Druck oder eine Fotografie. Vielleicht ist es eine herrlich gemusterte Tagesdecke, eine besondere Tee- oder Kaffeekanne, ein stylisher Schreibtisch oder eine Lampe aus den 1920er-Jahren – alle diese Dinge sind Kunstwerke. Warum umgeben wir uns mit ihnen?

Weil sie uns gefallen, vielleicht, weil sie uns an etwas erinnern oder uns beim Nachdenken helfen, weil wir sie geschenkt bekommen haben, aber unter dem Strich ist es vor allem deswegen, weil sie uns einfach Freude bereiten.

Kunst ist nicht lebenswichtig, sie stillt keine Grundbedürfnisse, aber dennoch macht sie etwas mit uns. Wenn wir ein Gemälde, eine Skulptur oder eine Fotografie ansehen, inspirieren sie uns, bringen uns neue Ideen, lassen uns regenerieren. Mehr noch: Das Erleben von Kunst macht uns glücklich. Kein Wunder, dass viele Unternehmen ihre Bürogebäude mit Kunst „schmücken". Oftmals erhöht das nicht nur das Wohlbefinden, sondern steigert direkt die Motivation der Mitarbeiter und die Produktivität. Auch im öffentlichen Raum, in U-Bahnhöfen und an Häuserfassaden, finden wir künstlerischen Ausdruck und Schönheit, die uns jeden Tag prägen, gleichgültig, ob wir das bewusst wahrnehmen oder nicht. Jede Berührung mit Kunst beeinflusst unsere Stimmung und unsere Gefühle. Wenn ich ein Kunstwerk betrachte, verändert sich bei mir etwas – es öffnet mein Herz, es lässt Emotionen entstehen, es motiviert mich, darüber mit jemandem zu reden. Inzwischen hat die Wissenschaft längst bestätigt, was alle Kunstliebhaber bereits vorher wussten: Kunstverständnis fördert die Lebensqualität und gibt ein gutes Gefühl. Laut einer Studie des University College of London wird beim Betrachten von Kunstwerken der gleiche Teil des Gehirns stimuliert, der auch dann in Aktion tritt, wenn wir uns verlieben. Die Auseinandersetzung mit Kunst setzt den Neurotransmitter Dopamin frei, die Wohlfühlchemikalie, über die ich bereits im Kapitel zum Thema „Lernen" geschrieben habe.

Meine Leidenschaft für Kunst hat sich über die Jahre kontinuierlich gesteigert, Kunstwerke haben mich schon als Jugendlichen interessiert, und später auf den unzähligen Geschäftsreisen habe ich jede Gelegenheit genutzt, die jeweiligen Museen oder Galerien zu besuchen. Dann kam das Sammeln. Es begann mit Drucken von Horst Janssen, die künstlerisch sehr interessant, aber – weil unlimitiert – nicht übermäßig teuer waren. Schließlich wollte Janssen ja die Kunst demokratisieren. Dann kam Bruno Bruni, den ich sogar einmal in seinem Privathaus besuchen durfte. Wenn man einmal damit angefangen hat, will man weitermachen. Es folgten Werke von Otto Dix und Joseph Beuys, Bilder von Andy Warhol, später Skulpturen, zum Beispiel von Stephan Balkenhol und von H. A. Schult, von denen eine heute vor meinem Pool steht. Kunstwerke sind für viele eine

Wertanlage, die in Zeiten der Inflation immer interessanter wird. Für mich ist es das auch, aber nur zu einem geringen Teil, für mich ist es Ausdruck von Emotionen, etwas, das mir einfach unbändig Spaß macht. Ich freue mich jedes Mal darauf, wenn ich in mein Haus komme und meine private Ausstellung sehe, genauso wie ich mich freue, in München ins Haus der Kunst zu gehen, in dessen Förderverein ich Mitglied bin.

Ein Mann, der mich in dieser Hinsicht besonders inspirierte, war Samuel Bollag-Guggenheim, der Schweizer Distributeur von Marc O'Polo. Ein Kosmopolit, der seinesgleichen suchte und mit dem ich viele bereichernde Gespräche führte. Ein faszinierender Mann mit jüdischen Wurzeln, der in seiner Familie auch einen englischen, französischen und italienischen und über seine Frau noch dazu einen schwedischen Hintergrund hatte. Mit Samuel Bollag-Guggenheim, einem leidenschaftlichen Hörer klassischer Musik, habe ich viel über Konzerte und Komponisten gesprochen.

Die Macht der Musik

Was für bildende Kunst gilt, gilt vielleicht noch mehr für Musik. Das werden wahrscheinlich viele Menschen so empfinden: Musik kann unsere Stimmungen und Gefühle stark beeinflussen. Von einer Minute zur anderen können wir heiterer werden, wenn wir ein bestimmtes Stück hören, wir können auch melancholischer oder nachdenklicher werden. Musik motiviert uns, wenn wir lustlos sind. Sie entspannt uns, wenn der Stresslevel hoch ist, heitert uns auf, wenn wir traurig sind, beruhigt uns, wenn wir aufgeregt sind. Sie kann uns aufwecken oder schläfrig machen. Und je nach Stimmung greifen wir zu unterschiedlichen Schallplatten, CDs oder Playlists auf unserem Smartphone. Mein Musikgeschmack ist breit gefächert. Aber egal, ob es sich um Jazz von Miles Davis, Keith Jarrett oder Chick Corea, Pop von Queen, Beethovens Neunte Symphonie oder die „Ring"-Einspielung von Lorin Maazel handelt – Musik ist ein Wundermittel für alle möglichen Bedürfnisse.

Kein Wunder, dass inzwischen sogar Ärzte, Therapeuten und Pädagogen die Macht der Klänge nutzen. Denn sie lässt sich als Medikament oder Therapie einsetzen. Musik kann Schmerzen lindern, Erinnerungen wachrufen, psychische Probleme erleichtern und Kommunikation ermöglichen. Für mich ist es immer noch ein Mysterium – wie kommt es, dass mir bestimmte Klänge gefallen und andere nicht? Warum berühren mich bestimmte Melodien und Harmonien, während andere mich kaltlassen? Diese Frage hat die Wissenschaft auch erforscht, aber bislang gibt es dazu keine wirklich umfassende zufriedenstellende Antwort. Sicher ist aber, dass Menschen überall auf der Welt und wahrscheinlich schon seit Anbeginn der Menschheitsgeschichte komplizierte Muster aus Schallwellen erschaffen haben. Musik ist vielleicht Ausdruck einer einzigartigen menschlichen Erfahrung, aber auch ein Spiegel der Natur, die ja ihrerseits Geräusche jeder Art produziert – ob das nun Vogelgezwitscher, das Plätschern eines Bachs oder das Heulen eines stürmischen Windes ist.

Etwas mehr weiß man über den Einfluss, den Musik auf unser Gehirn zeigt. Dazu gibt es eine Vielzahl von Studien. Eine davon förderte die Einsicht zutage, dass fröhliche Musikstücke wie das *Allegro* aus Bachs Viertem Brandenburgischem Konzert oder ein irisches Volkslied die Konzentration des Stresshormons Cortisol im Blut verringerten. Untersuchungen inspirierten daher Mediziner, spezielle Musiktherapien zu entwickeln, die zum Beispiel Tinnitus-Patienten ermöglichte, das lästige Pfeifen in den Ohren wieder loszuwerden. Doch der Effekt ist noch viel stärker, als wir glauben. Noch bedeutsamer ist der heilende Einfluss von Musik bei psychischen Erkrankungen: Wegen ihrer stimmungsaufhellenden Wirkung wird Musik zum Beispiel als Mittel bei der Behandlung von Depressionen erprobt. Eine Studie der Universität in Singapur zeigte, dass Menschen in Altersheimen weniger unter Depressionen litten, wenn ihnen eine halbe Stunde am Tag ihre Lieblingsmusik vorgespielt wurde.

Musik formt sogar die Strukturen unseres Gehirns, was sich bei Profimusikern mit Hirnscans gut sichtbar machen lässt. Bei Musikern ist der sogenannte Balken, der die beiden Gehirnhälften verbindet, deutlich dicker, vor allem, wenn sie mit dem Erlernen ihres Instruments schon im Kindesalter begonnen haben. Zudem wurde auch eine Zunahme der grauen Substanz nachgewiesen, was auf eine Vergrößerung der Nervenzellen oder auf eine intensivere Verschaltung hindeutet. Dieser Effekt lässt sich – in abgeschwächter Form – auch bei Amateurmusikern nachweisen.

Und wenn wir wieder auf unser Thema des Glücks zurückkommen, gibt es auch hier Berichtenswertes: Neue Unterstützung für die These von der Musik als Glücksproduzent lieferte eine Untersuchung der kanadischen McGill-Universität, über die in der „Zeit" berichtet wurde: Die Studie konnte das Gänsehautgefühl, das Musik erzeugt, mithilfe bildgebender Verfahren im Gehirn sichtbar machen. Für das Experiment brachten die untersuchten Probanden jene Lieblingsstücke mit, die bei ihnen besonders wohlige Schauder hervorriefen. Die Auswahl reichte vom überaus traurigen *Adagio for Strings* des amerikanischen Komponisten Samuel Barber bis hin zu Led Zeppelins *Moby Dick*. Die Studie zeigte, dass in den besonders intensiv erlebten Momenten der *Nucleus accumbens* im Gehirn der Probanden mit Dopamin regelrecht überflutet wurde. Diese Hirnregion – Sie wissen es bereits – ist Teil des Belohnungssystems, das uns Wohlgefühle beim Essen, Sex oder Drogenkonsum beschert. Das Experiment zeigte überdies, dass bei den Musikliebhabern im Hirnscanner einige Sekunden vor dem größten Wohlgefühl bereits eine verwandte Hirnstruktur, der *Nucleus caudatus,* mit einem noch größeren Dopamin-Ausstoß bedacht wurde. Diese Region ist für Erwartungshaltungen verantwortlich. Musik bedient also uralte Mechanismen unserer Psyche. Und das ganz altersunabhängig – die Freude an der Musik ist in höherem Lebensalter nicht geringer als in jungen Jahren, vielleicht ändert sich der Musikgeschmack, aber nicht die Begeisterung, die Musik an sich in uns auslöst.

Reiseerfahrungen

Kommen wir zum letzten Punkt unserer Aufzählung und einer weiteren Aktivität, die wir (fast) bis zum Lebensende ausüben können: Reisen. Das Eintauchen in fremde Kulturen, das Genießen anderer Landschaften, das Kennenlernen von Menschen in anderen Ländern. Reisen beschert uns viele und ganz unterschiedliche Glückserfahrungen – das besagen nicht nur einschlägige Sprichwörter („Reisen bildet"), sondern auch wissenschaftliche Studien, wie zum

Beispiel die der Universität im finnischen Tampere. Laut den Ergebnissen der Studie erholen wir uns an einem Tag in einer anderen Gegend besser als an einem freien Tag zu Hause, was nicht nur an den fehlenden Pflichten, wie Wäschewaschen oder Einkaufen, sondern eben auch an dem Tapetenwechsel und den damit einhergehenden neuen Erfahrungen liegt. Es ist also nicht die Freizeit, sondern das Erleben des Neuen. Ich habe es immer als Privileg gesehen, für das ich überaus dankbar war, dass ich allein durch meinen Beruf viel reisen durfte: So kam ich nach Rom und Mailand, nach Barcelona und Madrid, Paris, Istanbul, Moskau, St. Petersburg, Peking, Shanghai, Hongkong und viele andere spannende Orte. Von jeder Reise konnte ich etwas mitnehmen, das ich bis heute im Gedächtnis habe. Die wahren Souvenirs sind in unserem Kopf und in unserem Herzen, was eine Studie in Großbritannien schon bei Kindern bestätigte. Ferienerlebnisse machten die jungen Studienteilnehmer glücklicher als Spielzeug. Und nicht nur das: Reisen förderte in dieser Studie tatsächlich die Intelligenz. Kinder waren nach aufregenden Reisen in der Schule konzentrierter und besser.

Dieser Schlaumach-Effekt hört auch später nicht auf: Studenten, die im Ausland gelebt hatten und sich an andere Kulturen anpassen mussten, zeigten eine deutlich höhere Bereitschaft und Fähigkeit, verschiedene Sichtweisen zu erkennen und nachzuvollziehen, was sich für sie auszahlte: Sie fanden deutlich schneller Jobs als jene, die in ihrem alten Umfeld geblieben waren. Ich sehe das genauso: Immer, wenn ich eine Reise gemacht habe, hat das mein Weltbild verändert und oft konnte ich Probleme aus einem anderen Blickwinkel sehen und mit frischen Ideen lösen.
Meine Reiseererfahrungen fingen früh an. England war

dabei das erste Land, das mich beeindruckt hat. Mein Vater hat mich als Vierzehnjährigen nach England geschickt, damit ich die Sprache besser lerne. Ich bin allein in die Nähe von Portsmouth gereist, daran bin ich sehr gewachsen. Das habe ich dann jedes Jahr gemacht, viermal in England, einmal in Malta. Für mich ist das unvergesslich, die Gastfreundschaft der Engländer, die Pubs. England war für mein Großwerden extrem wichtig. Später bin ich dann mit der Bundeswehr nach Israel gefahren. Gefühlt habe ich bei der Bundeswehr vor allem geputzt, aber diese Reise war eine der besten Erfahrungen, die ich mir vorstellen kann. Denn ich konnte ein Land besuchen, das ich vielleicht sonst nicht so schnell gesehen hätte, und ich war mehr als beeindruckt: Für mich war das ein absolutes Erlebnis – die Vielzahl an Religionen, die Kirchen, Moscheen und Synagogen. Besonders beeindruckend war für mich der Besuch auf der Masada-Festung. Vielleicht begann damals meine Leidenschaft, die sich bis heute gehalten hat. Jedes Jahr haben sich meine Frau, meine Tochter Lena und ich auf den Weg gemacht, um Neues zu erleben, ganz egal, ob das beim Tauchen auf den Malediven, dem Beobachten von Komodo-Waranen in Indonesien oder wobei auch immer geschah. Und ganz sicher werde ich das mit meiner Frau in den nächsten Jahren weiterhin machen. In welchem Land und in welcher Gegend ich auch war, habe ich immer gesehen, dass alle Menschen, egal, an welche Religion sie glauben, welcher Kultur sie entstammen, welche Überzeugungen und Ansichten sie haben, welche Sprache sie sprechen, sich in einem gleichen: Sie suchen nach Glück und Zufriedenheit, selbst unter widrigsten Um-ständen. Und ich habe auch gesehen: So schwierig das im Einzelfall sein mag, überall lässt sich Glück finden, auch wenn es bescheiden ist. Aber die Aussichten sind fast überall dabei, besser zu werden, das ist gerade in Asien gut zu sehen. Unsere Welt verändert sich, sie entwickelt sich weiter und wächst zusammen. Ein neues Denken macht sich breit, das auch die Politiker der Welt nicht aufhalten werden können. Und das ist auch gut so.

Wie es weitergeht

Wenn ich zurückblicke, dann erstaunt es sogar mich manchmal, wie aus dem jungen Mann, der mit sich und der Welt haderte, ein glücklicher und zufriedener Mensch wurde. Sicher war da auch immer ein wenig Glück dabei – Glück, die richtigen Menschen getroffen zu haben, Glück, gute Entscheidungen gefällt zu haben, und Glück, in einer Zeit aufzuwachsen, die von Frieden, Wohlstand und Sicherheit geprägt war. Aber selbst, wenn dieses Glück nicht oder nicht immer auf unserer Seite ist, die entscheidenden Schlüssel für unser Wohlbefinden haben immer wir selbst in der Hand. Sie liegen in unserer Offenheit für Neues, unserer Fähigkeit, lebenslang zu lernen, in unserer Resilienz, was Enttäuschungen und Niederlagen betrifft. Das, was uns stark macht, sind wir selbst. Das, was uns glücklich und erfolgreich macht, ist unsere Einstellung und unsere Vernunft.

Natürlich bleiben wir nicht von Niederlagen und Schicksalsschlägen verschont, und auch Alter und Krankheit können wir nicht ausweichen. Aber selbst hier bin ich mir sicher: Wir entscheiden, wie wir damit umgehen und wie unser Leben auch unter schwierigen Bedingungen aussieht. Ich sehe für meinen Teil der Zukunft und meinem Alter sehr zuversichtlich entgegen – auch wenn die aktive Karriere jetzt hinter mir liegt. Mir bleiben noch so viele Möglichkeiten, zufrieden und glücklich zu sein:

- **Ich werde weiterhin mein Know-how und meine Erfahrungen mit allen teilen, die sich dafür interessieren.**

- **Ich werde intensiver Charity-Projekte voranbringen und einen Teil des Geldes, das ich verdient habe, so wieder der Gesellschaft zurückgeben.**

- **Ich kann weiterhin Sport machen, Kunst sammeln, Musik hören und in andere Gegenden reisen.**

- **Und ich werde weiterhin versuchen, Neues zu machen. Genauso wie es für mich etwas vollkommen Neues war, dieses Buch zu schreiben. Eine Erfahrung, die ich immer schon einmal machen wollte.**

Am meisten würde mich freuen, wenn ich Sie mit diesem Buch inspirieren konnte, auch neue Wege einzuschlagen und sich den unendlichen Möglichkeiten dieses Lebens zu öffnen, ganz gleich, an welchem Punkt Ihrer individuellen Lebensreise Sie stehen mögen.

Für diese Möglichkeiten bin ich jeden Tag dankbar. Wie herrlich das Leben doch ist! Ich habe meinen Weg zu Glück und Erfolg schon ein gutes Stück geschafft. Und wenn ich das schaffe, dann schaffen Sie das auch! Denn ich hoffe, Sie konnten ein paar Dinge für Ihr Leben und Ihren Alltag mitnehmen.

Fazit

Was ist Glück und wie erreiche ich es?

Was wir unter Glück verstehen, liegt zum Teil in unseren Genen. Sicher ist: Immer mehr zu haben, bedeutet nicht automatisch, immer glücklicher zu sein. Zum Glück führen viele Wege. Liebe, Freunde, Familie, Kinder, Arbeit und Erfolg sind nur einige Beispiele – den einen für alle richtigen Weg gibt es nicht. Nur Ihr ganz individueller Weg lässt Sie glücklich werden.

Verantwortung, Fleiß und Disziplin

Fleiß und Disziplin sind für mich zwei der wichtigsten Faktoren gewesen, glücklich zu werden. Talent und Begabung sind dagegen nicht so wichtig, wie viele denken. Entscheidend ist die Selbstbeherrschung: Nur wer sein Leben unter Kontrolle hat, wird ein glücklicher und erfolgreicher Mensch werden.

Egoismus und soziales Verhalten

Es mag paradox klingen: Aber nur wer egoistisch denkt und handelt, kann einen wesentlichen Beitrag für die Gemeinschaft und Gesellschaft leisten. Bei sich selbst anzufangen, sich wahrzunehmen, sich zu akzeptieren und für alles, was man macht, Verantwortung zu übernehmen, nenne ich den „gesunden Egoismus." Er lässt uns einfühlsam in andere, großzügig und geduldig werden.

Entscheidungen treffen

Ziele setzen, klare Entscheidungen treffen, sich selbst verpflichten – das alles sind wesentliche Schritte, um die Komfortzone zu verlassen und Grenzen zu überwinden. Grenzen, die uns daran hindern, uns wirklich zu entfalten und glücklich zu werden.

Persönliche Entwicklung

Nichts ist festgeschrieben: Wir können zu jedem Zeitpunkt unseres Lebens wichtige Veränderungen anstoßen – uns anders ernähren, unseren Beruf wechseln, neue Herausforderungen suchen. Bis zum Ende unseres Lebens können wir uns weiterentwickeln und, vor allem, lernen. Denn Lernen ist einer der wichtigsten Garanten für ein glückliches Leben. Wichtig dafür ist, dass wir Spaß an unserer persönlichen Entwicklung haben: Spaß beim Lernen, Spaß im Beruf und Spaß beim Sport.

Sport, Kunst und Kultur

Ganz unabhängig von beruflichem Erfolg, Wohlstand und Vermögen ist Glück nicht. Aber es lässt sich auch nicht darauf begrenzen. Wir können eine Vielzahl glücksspendender Momente erleben, wenn wir uns sportlich betätigen, wenn wir Musik genießen oder uns mit Kunst beschäftigen. Es gibt eine Vielzahl von Gelegenheiten, wahres Glück zu finden – ergreifen Sie Ihre!

Quellen und weiterführende Buchempfehlungen

- Mihaly Csikszentmihalyi, Flow. Das Geheimnis des Glücks, Klett-Cotta
- Jens Corssen, Der Selbst-Entwickler, Beust
- Richard Davidson, Warum regst du dich so auf? Wie die Gehirnstruktur unsere Emotionen bestimmt, Goldmann
- Jostein Gaarder, Sofies Welt, Hanser
- Daniel Gilbert, Ins Glück stolpern. Suche dein Glück nicht, dann findet es dich von selbst, Riemann
- Daniel Kahneman, Schnelles Denken, langsames Denken, Penguin
- Stefan Klein, Die Glücksformel oder Wie die guten Gefühle entstehen, Fischer
- Richard Layard, Can We Be Happier? Evidence and Ethics, Pelican
- Frédéric Lenoir, Was ist ein geglücktes Leben?, dtv
- Stephen Lundin, Harry Paul, Fish!®. Ein ungewöhnliches Motivationsbuch. Mit einem Vorwort von Ken Blanchard, Goldmann
- Sonja Lyubomirsky, Jürgen Neubauer, Glücklich sein. Warum Sie es in der Hand haben, zufrieden zu leben, Campus Hans Rosling, Factfulness, Ullstein
- Dorothea Schleicher-Brückl, Der Immun-Code, Europa
- Bronnie Ware, 5 Dinge, die Sterbende am meisten bereuen: Einsichten, die Ihr Leben verändern werden, Goldmann
- Peter Warschawski, Alles außer gewöhnlich! Was passiert, wenn Sie eigene Grenzen überwinden, Jerry Media

Alexander Gedat

Ex-CEO von Marc O'Polo, in mehreren
Aufsichtsräten, glücklicher Ehemann und Vater.

Alexander Gedat, 1964 geboren, begann nach seinem zunächst gescheiterten Abitur eine Lehre als Industriekaufmann, anschließend schloss er ein Studium der Betriebswirtschaft in Münster ab. Bereits während seiner Zeit als Assistent des CEO und dann kaufmännischer Leiter für ein Unternehmen in Italien begann er ein Fernstudium zum PhD in Business Administration in Kalifornien. Nach einer kurzen Zeit als Controller bei einer Modeagentur begann er 1995 seine mehr als 20-jährige Karriere bei Marc O´Polo. Er half Marc O´Polo, sich zu einem erfolgreichen und führenden Unternehmen zu entwickeln. Seine Hauptaufgabe war die Erarbeitung der Strategie und die Unterstützung der Führungskräfte und Mitarbeiter zum Erfolg. Kompetenz, permanentes Lernen, vorbildliches Verhalten, Fleiß, Klarheit und Spaß an Innovationen und Schnelligkeit waren seine Basis dafür. Mit der Zeit wurde er zu einer dynamischen, klaren und emotionalen Führungskraft, die inzwischen in der Bekleidungsindustrie als partnerschaftlicher, treibender und sympathischer Topperformer bei Einzelhändlern und Mitbewerbern bekannt ist.

Seit 2018 hat er verschiedene Beirats- und Aufsichtsratstätigkeiten, unter anderem bei Gerry Weber. Hier nimmt er seine kritische Kontrollfunktion wahr und setzt sich für Veränderung und Weiterentwicklung ein.

Er ist verheiratet, hat eine erwachsene Tochter und lebt in Rosenheim. Mit seiner Familie hat er die „GALA-Kinderstiftung" gegründet und unterstützt mit dieser eine Grundschule in Rosenheim, mit einer besonderen Berücksichtigung des Deutschunterrichts für ausländische Kinder, des Musikunterrichts und weiterer Projekte in Rosenheim.

„Einfach anfangen!"

„Du musst es nur wollen!"

„Alles eine Frage des Mindsets!"

Diese Coaching-Lügen kennen wir alle.

Aber um was genau geht es Bernd Kiesewetter eigentlich? Soll Coaching eine Lüge sein? Oder gibt es eine Lüge um das Coaching? Oder wird im Coaching gelogen? Was ist mit „Coaching-Lügen" wirklich gemeint?

„Lass dich durch den Titel nicht in die Irre führen. Ich behaupte nicht einfach das Gegenteil von dem, was du bisher gehört hast. Ich bin auch kein Aussteiger, der nun mit seiner ehemaligen Branche aufräumen will und alles in den Dreck zieht, was bis vor kurzem für ihn selbst noch richtig war. Aber es gilt Grundlegendes zu verbessern."

Bernd Kiesewetter will aufräumen. Denn nicht alles, was sich gut anhört, ist auch wirklich gut. Und nicht alles, was gut gemeint ist, ist wirklich hilfreich.

Berlins Erfolgscoach Nr. 1 hat einige der bedeutendsten und immer wieder kursierenden Phrasen ausgewählt und erklärt, was du wirklich mit ihnen anfangen kannst. Wie entwickelst du tatsächlich das Mindset, um deine Ziele zu erreichen? Ist es schlecht, einen Plan B zu haben? Wobei kann dir ein guter Coach wirklich helfen?

Bernd Kiesewetter

Bernd Kiesewetter ist ein Mensch mit vielen Facetten.
Geradeaus, direkt und ehrlich.

Bernd Kiesewetter ist Unternehmer, Erfolgscoach und Berliner mit Leib und Seele.

Schon mit 18 machte er sich selbstständig und begleitete erfolgreich eine Reihe von Firmen. Zeitweise führte er bis zu sieben Unternehmen mit über 150 Mitarbeitern zeitgleich.

Als Berlins Erfolgscoach Nr. 1 begleitet er Selbstständige, Unternehmer und Führungskräfte aus Politik und Wirtschaft auf ihrem Weg des Erfolges und brachte Spitzensportler bis zum Weltmeistertitel. Doch auch für alle anderen, die ihr Leben umkrempeln und glücklich werden wollen, hat er ein offenes Ohr.

Gleichzeitig ist Bernd Kiesewetter Förderer aus Überzeugung und engagiert sich vielfältig ehrenamtlich, vor allem Kindern und Jugendlichen gilt hier sein Augenmerk.

Doch der verheiratete Vater zweier erwachsener Kinder mit großer Leidenschaft für den Familienhund, die Katze und seinen Ruhepol die Pferde, kennt auch die dunklen Seiten des Erfolgs: mit 30 pleite, mit 40 kokainabhängig und alkoholsüchtig und durch einen schweren Sportunfall auf eine harte Probe gestellt, stand er vor den Trümmern seines Lebens.

Seitdem hat er eine Mission und motiviert die Menschen, Verantwortung zu übernehmen – im Business, im Sport, im Alltag. Er lebt konsequent nach seinen Werten.

maximum-verlag.de

 /MaximumVerlag

 @maximumverlag